地球变迁史话

王渝生　主编

中国大百科全书出版社

图书在版编目（CIP）数据

地球变迁史话 / 王渝生主编． -- 北京 ：中国大百
科全书出版社， 2025. 1. -- ISBN 978-7-5202-1754-5

Ⅰ．P183-49

中国国家版本馆 CIP 数据核字第 20258NU555 号

出 版 人：刘祚臣
责任编辑：张恒丽
责任校对：程忆涵
责任印制：李宝丰
出　　版：中国大百科全书出版社
地　　址：北京市西城区阜成门北大街 17 号
网　　址：http://www.ecph.com.cn
电　　话：010-88390718
图文制作：北京杰瑞腾达科技发展有限公司
印　　刷：唐山富达印务有限公司
字　　数：100 千字
印　　张：8
开　　本：710 毫米 ×1000 毫米　　1/16
版　　次：2025 年 1 月第 1 版
印　　次：2025 年 1 月第 1 次印刷
书　　号：978-7-5202-1754-5
定　　价：48.00 元

编委会

主　编：王渝生

编　委：（按姓氏音序排列）

程忆涵　杜晓冉　胡春玲　黄佳辉

刘敬微　王　宇　余　会　张恒丽

目 录

第一章　地球存在于哪儿?

[一、宇宙]

宇宙是空间、时间和其中存在的各种形态物质和能量的总称。

宇宙是处于不断运动和发展中的物质世界。借助各种功能越来越强大的地面和空间望远镜，观测的范围已达到 100 多亿光年的宇宙深处。一般把观测到的宇宙称为"我们的宇宙"。所有天体，乃至我们的宇宙都有它的起源、发展和衰亡的历史，但宇宙总体的发展以及人类对宇宙的认识则是无穷无尽的。

[二、星系]

星系是由引力束缚在一起的几百万至几万亿颗恒星以及星际气体和尘埃、暗物质等构成，占据几千光年至几十万光年的空间的天体系统。银河系就是

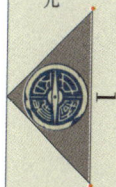

星系的各种形态
a 大熊座旋涡星系 M81（国家天文台 BATC
组提供）
b 室女团中心椭圆星系 M87（NASA 提供）
c 猎犬座旋涡星系 M51（国家天文台 BATC
组提供）

一个普通的星系。银河系以外的星系称为河外星系，一般称为星系。

研究简史 17 世纪望远镜发明以后陆续观测到一些云雾状的天体，称为星云。18 世纪，德国的 I. 康德和英国的 T. 赖特都曾猜想这些云状天体是像银河一样由星群构成的宇宙岛，只是因为距离太远而不能分辨出一颗一颗的星来。1924 年美国天文学家 E.P. 哈勃用威尔逊山天文台的 2.5 米大望远镜在仙女座星云、三角座星云和星云 NGC6822 中发现造父变星，并且根据造父变星的周光关系定出这几个星云的距离，终于肯定了它们是银河系以外的天体系统，称它们为河外星系。现代望远镜，包括哈勃空间望远镜能观测到的星系数目估计在 500 亿以上。

形态和分类 星系的外形和结构是多种多样的，但大多由椭球形的中央核球和（或）扁平的盘成分构成。1926 年哈勃按星系的形态进行分类，把星系分为椭圆星系、旋涡星系和不规则星系三大类。后来又细分为椭圆、透镜、旋涡、棒旋和不规则五个类型。

除上述普通的星系外，近年来又发现了许多特殊星系。有些旋涡星系，具有十分明亮的中心区，光谱中有强而宽

的发射线，称为赛弗特星系。有些星系具有很亮的近于星状的核心，称为 N 型星系。有些星系有很强的射电辐射，称为射电星系。有的星系诸如 M82，近期发生着大规模恒星形成，称为星暴星系。以上几种星系都是活动激烈的星系，统称为活动星系。有证据表明，1963 年发现的类星体实际上是具有活动核的星系，是活动星系核（AGN）中的一种。

分布 1934 年哈勃对 44000 多个星系的视分布进行了研究，证实星系的数目从银极向银道有规律地递减。银道方向星系很少，形成一个隐带。这种视分布是由银河系星际物质吸光造成的。实际上从大尺度来看，星系在各个方向的分布都是一样的。星系的空间密度也近于均匀。从较小的尺度来看，星系的分布有成团的倾向。有的是两个结成一对；多的可能几百以至几千个星系聚成一团。

[三、银河系]

银河系是地球所在的星系。因其主体部分投影在天球上的亮带被称为银河而得名。银河系是一个透镜形的系统，直径约为 40 千秒差距，它的主体称为银盘。

银河系的发现经历了漫长的过程。望远镜发明后，伽利略首先用望远镜观测银河，发现银河是由恒星组成。之后，T. 赖特、I. 康德、J.H. 朗伯等认为，银河和全部恒星可能集合成一个巨大的恒星系统。18 世纪后期，F.W. 赫歇耳用自制的反射望远镜开始恒星计数的观测，以确定恒星系统的结构和大小，他断言恒星系统呈扁盘状，太阳离盘中心不远。他去世后，其子 J.F. 赫歇耳继承父业，继续进行深入研究，把恒星计数的工作扩展到南天。20 世纪初，天文学家把以银河为表观现象的恒星系统称为银河系。J.C. 卡普坦应用统计视差的方法测定恒星的平均距离，结合恒星计数，得出了一个银河系模型。在这个模型里，太阳居中，银河系呈圆盘状。H. 沙普利应用造父变星的周光关系，测定球状星团的距离，从球状星团的分布来研究银河系的结构和大小。他提出的模型是：银河系是一个透镜状的恒星系统，太阳不在中心。沙普利得出，银河系直径为80千秒差距，太阳离银心20千秒差距。但这些数值过大，因为沙普利在计算距离时未计入星际消光。20世纪20年代银河系自转被发现以后，沙普利的银河系模型得到公认。

银河系是一个巨型旋涡星系，为Sb型。包含约2000亿颗恒星。银河系整体做较差自转，太阳处自转速度约为220千米/秒，太阳绕银心运转一周约需2.4亿年。银河系的可见物质质量约为太阳质量的1400亿倍，而暗物质的质量至少为太阳质量的4000亿倍。银河系的年龄约为100亿年。

约90%的银河系物质集中在恒星内。按照物理性质、化学组成、空间分布和运动特征，恒星可以分为五个星族。最年轻的极端星族Ⅰ恒星主要分布在银盘里的旋臂上；最年老的极端星族Ⅱ恒星则主要分布在银晕里。恒星常聚集成团。除了大量的双星外，银河系里已发现了1000多个星团。银河系里还有气体和尘埃，其含量约占银河系总质量的10%，气体和尘埃的分布不均匀，有的聚集为星云，有的则散布在星际空间。20世纪60年代以来，发现了大量的星际分子，如CO、H_2O等。分子云是恒星形成的主要场所。银河系核心部分，即银心或银核，是一个很特别的地方。它发出很强的射电、红外、X射线和γ射线辐射。其性质尚不清楚，那里可能有一个黑洞。

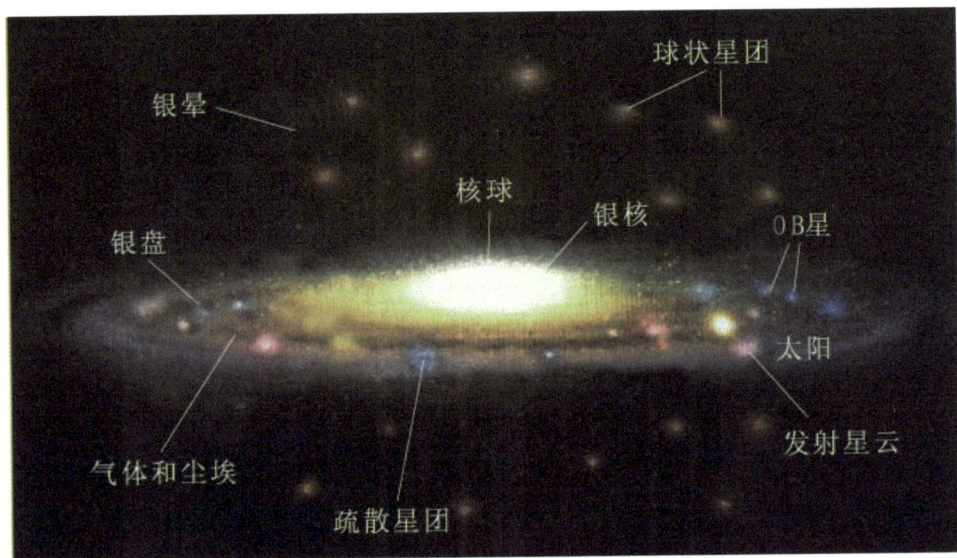

银河系主体示意图

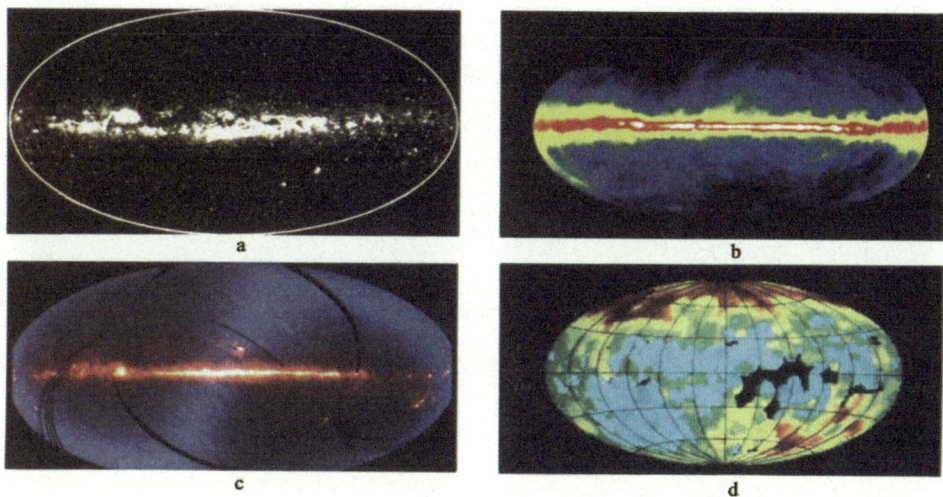

银河系四个波段的图像
a 可见光图像 b 射电图像 c 红外图像 d X射线图像

[四、太阳系]

太阳系是太阳及在其引力作用下，环绕其运行的天体构成的集合体及其所占有的空间区域。计有行星及其卫星、矮行星、太阳系小天体、小行星、陨星和流星体、彗星、柯伊伯带天体、太阳风和行星际物质等。

结构 太阳在太阳系中占据中心和主导地位。太阳的质量占太阳系总质量的99.86%，其余天体共占0.14%。其中，木星占了0.08%，其他行星的质量总和约占0.06%，而天然卫星、小行星、彗星、柯伊伯带天体等小天体和行星际物质的质量仅占太阳系总质量的微量份额。太阳的引力控制着整个太阳系，引力作用范围的半径可达1.5光年，再往外即为星际空间。太阳系的主要成员，除太阳外就是行星，因此太阳系是一个"行星系"。太阳系中，除太阳是以核聚变产能的恒星外，其他成员都是没有核能产生热辐射的"死"天体。

行星按质量和表面物态，分类地行星和类木行星两类。前者质量小，岩石表面，卫星少（水星和金星没有卫星，地球有一个，火星有两个），典型代表是地

球；后者质量大，气态表面，卫星多，有环系，典型代表是木星。类地行星和类木行星的轨道之间为引力不稳定带，只能存在质量很小，但数量众多，成员可能以百万计的小行星带。类木行星轨道之外，有一可能是短周期彗星起源地的柯伊伯带。

太阳系通常以小行星带为界，分为内外两部分。小行星带以内称为内太阳系，小行星带以外称为外太阳系。内太阳系有水星、金星、地球和火星共四个类地行星及其卫星；外太阳系计有木星、土星、天王星和海王星共四个类木行星及其卫星系。

行星沿与太阳自转轴垂直的平面，即黄道面附近，绕太阳运转，特征是共面性。除行星、小行星带和柯伊伯带外，无数的流星体也集中分布在黄道带附近。行星公转轨道的偏心率很小，近圆性也是结构特征之一。

运动　太阳系的行星都有自转。大多数行星的自转方向和太阳的自转一致，即自西向东沿逆时针方向。行星都在接近同一平面的近圆轨道上，自西向东沿逆时针方向绕日公转。行星的大多数卫星也都自西向东，沿逆时针方向绕行星运转。小行星主带和柯伊伯带中的小天体也多自西向东，沿逆时针方向绕太阳运行。距离太阳越远的行星、小行星和柯伊伯带天体绕太阳运转的轨道速度越慢，距离行星越远的卫星绕行星运转的轨道速度也越慢，这一现象分别称为太阳系的较差自转和行星系的较差自转。

质量占太阳系总质量99.86%的太阳的角动量只占1%左右，而质量仅占0.14%的太阳系其他天体的角动量总和却占99%左右，这一特殊的角动量分布现象是太阳系的一个运动特征。

太阳相对于邻近恒星的运动速度为19.6千米/秒，朝向武仙座一点，该点称为太阳向点，简称向点。此外，太阳和太阳系还以250千米/秒的速度在银河系中绕银心运行，约2亿年绕转一周。

在宇宙中的地位　太阳是银河系内约2000亿个成员恒星中的普通一员。按质量计，它是中等质量的矮星；按光度计，它是中等光度的矮星；按表面温度计，

它是约 5000K 的黄矮星；按年龄计，它是诞生约 50 亿年的中年恒星。根据太阳的金属丰度确认，它属星族Ⅰ，亦即不是银河系的第一代天体，而是第二代或第三代恒星。

太阳系位于距银河系中心约 25000 光年的银盘（银河系的圆盘结构）中，和其他上千亿个恒星一道环绕银心运转。太阳和太阳系不处在特殊位置上，不是银河系的中心。

[五、地球]

地球是太阳系八大行星之一，按离太阳由近及远的次序为第三颗。人类所在的行星。它有一个天然卫星——月球，二者组成一个天体系统——地月系统。地球从形成以来就始终处于不断变化和运动之中。

自转和公转　地球自西向东自转，同时围绕太阳公转。地球自转周期约为 23 时 56 分 4 秒平太阳时（1 恒星日）。地球公转的轨道是椭圆的，公转轨道的长半径为 149597870 千米（1 天文单位），轨道偏心率为 0.0167，公转周期为 1 恒星年（365.25 个平太阳日），公转平均速度为每秒 29.79 千米，黄道与赤道交角（黄赤交角）为 23° 26′。地球自转和公转运动的结合产生地球上的昼夜交替、四季变化和五带（热带、南北温带和南北寒带）的区分。

形状和大小　在国际天文学联合会公布的天文常数系统中，地球赤道半径为 6378 千米，扁率为 1/298。地球不是正球体而是三轴椭球体，赤道半径比极半径约长 21 千米。地球质量（包括大气圈等）为 5.976×10^{24} 千克，体积为 1.083×10^{21} 立方米，平均密度为 5.52 克/厘米³。

海陆分布　地球表面的形态是复杂的，有绵亘的高山、广袤的海盆以及各种尺度的构造。大陆上的最高处是珠穆朗玛峰，海拔达 8848.86 米，最低点为死海，湖面比海平面低 415 米；海底最深处马里亚纳海沟，深度达到 11034 米。地球的

珠穆朗玛峰

总表面积为 5.1×10^8 平方千米，其中大陆面积约为 1.48×10^8 平方千米，约占地表总面积的 29%。地球是太阳系中唯一在表面和深部存在液态水的星体。海洋面积约为 3.62×10^8 平方千米，约占地表总面积的 71%。海面之下，大陆有一个陡峭的边缘。以平均海平面为标准，地球表面上的高度统计有两组数值分布最为广泛：一组在海拔 0～1000 米，占地球总面积的 21% 以上；另一组则在海平面以下 4000～5000 米，占 22% 以上。地球表面水的总量约为 1.4×10^9 立方千米，其中淡水为 3.5×10^7 立方千米，只占总水量的 2.5%。

结构和组成　地球是有生命的行星，由固体地球、表面水圈、大气圈和生物圈所组成。水圈是地球表层水体的总称。大气圈是地球外部的气体包裹层。生物圈是地球上有生命存在的特殊圈层，包括大气圈的下部、岩石圈的上部和整个水圈。

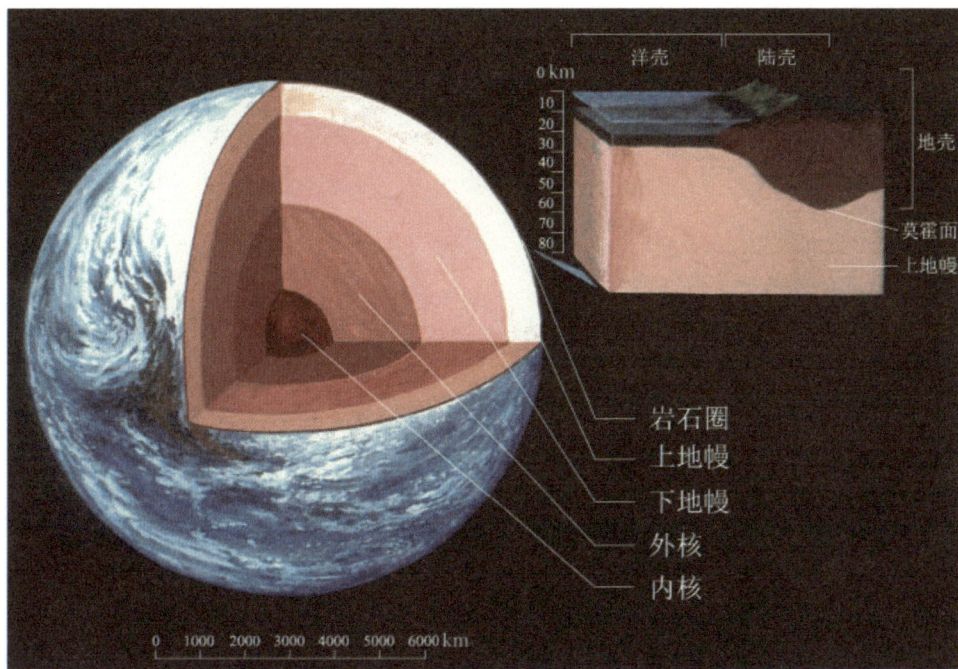

地球内部圈层结构

根据地震波速度观测，存在全球范围的速度间断面；根据地震层析成像的研究，地球内部结构有很大的横向非均匀性，但总体上是径向分层的。主要分成三个圈层：①地壳。固体地球的最上层部分，其底部界面是莫霍面。②地幔。地壳下由莫霍面到古登堡面之间的部分。③地核。地心到古登堡界面之间的部分。

地球重力场　地球重力作用的空间。作用在地球表面上的重力是地球质量产生的引力和地球自转产生的惯性离心力共同作用的结果。离心力对重力的影响随纬度的不同而呈有规则的变化，在赤道上最强。同时，由于地球不同部位的密度分布不均，也会引起重力的变化和异常。

地球磁场和磁层　地球具有磁性，它周围的磁场犹如一个位于地心的磁棒（磁偶极子）所产生的磁场。这个从地心至磁层边界的空间范围内的磁场称为地磁场。地球磁场在地球周围被局限在一个狭长的称为磁层的区域内。磁场的强度和方向不仅因地而异，也因时间不同而有变化。在地质历史时期磁极曾多次倒转。

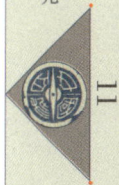

地球内部温度　浅层的地下温度梯度约为深度每增加 30 米，温度升高 1℃，但各地的差别很大。地面附近的温度梯度不能外推到几十千米深度以下。地球内部自有热源，所以地下越深则越热。地球内部某些特定深度的温度是可以估计的：在 100 千米的深度，温度接近该处岩石的熔点，为 1100 ~ 1200℃；在 410 千米和 660 千米的深度，岩石发生相变，温度各约在 1400℃和 1700℃；在核幔边界，温度在铁的熔点之上，但在地幔物质的熔点之下，约为 3400℃；在外核与内核边界，温度约为 4600℃；地球中心的温度约为 4800℃。

　　地球年龄　目前测得太阳星云凝聚成各行星包括地球的年龄为 45.4 亿 ~ 46 亿年。应用同位素地球化学测年方法还给出了地球演化历史中各地质时期的精确的时间坐标。

第二章　地球的变迁

［一、地球表层］

地球表层是地球系统中近地面的大气圈、水圈、岩石层（圈）、生物圈、人类圈之间相互交叠、相互作用构成的环境－生物－人类综合体。它是地球上各种物质、能量、信息转化和循环最为活跃的圈层，是生物生长和繁衍最为集中的场所，也是人类赖以生存和发展的最重要资源和活动空间，是人类活动及其影响最为集中的地方。

1910 年俄国地理学家 P.I. 勃罗马诺夫提出地球表层概念。此后地理学界将地球表层称为地理壳、景观壳、生物圈、地壳外层、地理环境、全球生态系统等。

地表的广度　地球表层总面积约 5.1×10^8 平方千米，其中陆地面积约 1.48×10^8 平方千米，约占地球表层总面积的 29％；海洋面积约 3.62×10^8 平方千米，约占地球表层总面积的 71％。

地表的厚度　对地球表层的厚度有两种理解：广义的地球表层厚度上限为对

流层顶部，下限为岩石层上部沉积岩层，厚度为30～35千米；狭义的地球表层厚度指大气圈、岩石圈、水圈等的交接面，上限离地面不超过100米，相当于对流层近地面摩擦层下部（又称地面边界层），下限为太阳能所能达到的深度（在陆地不超过地下30米，在海洋则不超过水下200米），厚度一般不超过200～300米。

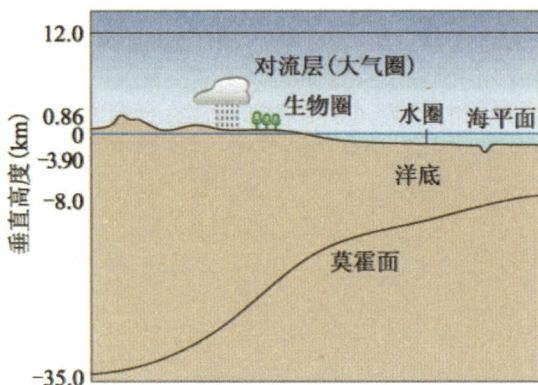

地球表层示意图

组成　地球表层由自然地理系统、自然生态系统和人类生态系统（包括社会经济系统）构成，在空间结构上存在着复杂的内部分异，并存在着气体、液体、固体三相物质和三相圈层界面以及由此产生的形成物，如地貌形态、风化壳、土壤、生物、沉积岩和黏土矿物。

能量转换　地球表层的物质运动主要靠太阳辐射能和地球内部热能驱动。到达地球的太阳辐射集中分布于地球表层，地球表层对太阳能的捕获、转移和储存主要通过生命活动来完成，其捕获、转移和储存的能量总和与地球内部释放的能量总和大致在同一数量级。地球内部释放的能量主要以热能和机械能的形式骤然释放出来（如火山、地热、地震、构造等活动），在驱动和维持地球表层的物质循环中并不经常起重要作用。

地球表层经历了从混沌到有序的长期演化，生命活动贯穿其演化历史，地球表层演化史实质上是生物圈与其他圈层相互作用、协同进化的历史。生命活动通过一系列能量转换的形式和物理－化学－生物过程来完成地球表层物质循环，其中人类通过社会生产和生活的各个方面对地球表层施加影响。如果没有生命捕获、转移和储存太阳辐射能，则到达地球表层的太阳辐射能大部分会被反射和散失，地球表层的物质运动会大大减缓。岩石圈中储存的化学能几乎全部是过去生命捕

获的太阳辐射能，以有机碳和还原性金属化合物的形式保存下来，形成巨大的能量库，保证地球的能量周转。

1. 大气圈

大气圈是在地球引力作用下聚集在地球表面周围的气体圈层。又称大气层。位于水圈和岩石圈之上。自地球表面向上，大气圈延伸得很高，可到几千千米的高空。大气圈没有确切的上界，在 2000～16000 千米高空仍有稀薄的气体和基本粒子。若与地球的固体部分相比较，其密度要比地球的固体部分小得多。大气圈的总质量约为 5×10^{18} 千克，约占地球总质量的百万分之一。大气圈已经存在约 46 亿年。

大气圈有一定的净化能力，少量的污染物会在大气中被逐渐清除，但是如果污染程度超过了大气的净化能力，最终将改变大气的原有性质，直接威胁人类。大气圈、水圈、岩石圈和生物圈互相交错，它们相互影响、相互作用，组成一个巨大的复杂的自然综合体。

2. 水圈

水圈是围绕地球表层水体组成的水壳。水体是指由天然或人工形成的水的聚积体，如海洋、河流（运河）、湖泊（水库）、沼泽、冰川、积雪、地下水和大气圈中的水等。

水圈各水体中的水互相交换，不断更新。海洋蒸发的水汽进入大气圈，经气流输送到大陆，凝结后降落到地面，部分被生物吸收，部分下渗为地下水，部分成为地表径流，地表径流大部分回归海洋。海洋是水圈中最大的水体。大陆冰盖、冰川和永久积雪是水圈中最大的淡水水体，地球上常年被冰雪覆盖的范围称为冰圈。河流和大气圈中的水是水圈中水分交换最活跃、更新最快的水体。从原始水圈到现代水圈，水的化学成分、水量和水的分布等都经历了巨大的变化。

3. 生物圈

生物圈是地球表层中生物栖居的范围。包括生物本身及其赖以生存的自然环境，可看作地球上最大的生态系统。有人认为生物圈仅指生物总体而不包括它周围的自然环境，而另以生态圈一词来概括两者。与生物圈词义相关但界线更难划分明确的还有人类圈和智慧圈，前者强调人类活动对生物圈的巨大影响，后者指人类的智力所能影响的范围。

生物圈的范围　大气圈、水圈和岩石圈中适于生物生存的范围就是生物圈。水圈中几乎到处都有生物，但主要集中于表层和浅水的底层。大气圈中生物主要集中于下层，即与岩石圈的交界处。在岩石圈中，多数生物生存于土壤上层几十厘米之内。

生物圈的进化　生命离不开液态水，地球与太阳的距离以及地球的自转使地表温度足以维持液态水的存在；地球引力保证了大部分气态分子不致逃逸到太空去；地球的磁场屏蔽了一部分高能射线，使地表生物免遭伤害。这一切为生命提供了存在的可能性。原始大气富含甲烷、氨、硫化氢等化合物，属还原性，故现今的大部分生物都不能在其中生存。后来出现了蓝藻，通过光合作用放出游离氧，使大气变为氧化性，为需氧生物的出现开辟了道路。随着氧气的增多，高空出现臭氧层，阻止住紫外线，生物才有可能发展到陆地上来。但只是在低等植物和微生物的作用下，形成了肥沃的土壤，经长期的进化，最后才逐步形成现在的生物圈。

生物圈的能流　太阳能是一切生命活动的原动力，能量在生物圈中逐级传送，最后以热能形式散发到太空，但地球总体的能量收支大致平衡。生物圈各部分实际接受的太阳辐射量差别很大，这是由于纬度、季节以及大气透明度（云层）的影响造成的。太阳辐射的不均匀分布，造成了不同的气候类型，从而影响了地球上的生物分布；这也是地面气流（风）、水流和水汽循环的主要动因。

生物圈中的能流是与物流相伴随的，一般说来，化学元素进入生物体内是靠生物的主动摄取，而化学元素在自然界中的循环运动则是由气流和水流来完成的。

人与生物圈　人是生物圈中占统治地位的生物，能大规模地改变生物圈，使其为人类的需要服务。然而，人类毕竟是生物圈中的一个成员，必须依赖于生物圈提供一切生活资料。人类对生物圈的改造应有一定限度，超过限度就会破坏生物圈的动态平衡，造成严重后果。

在地球上出现人类以后大约300万年的时期里，人类与其周围的生物和环境处于合理的平衡之中。人在生物圈中的地位并未明显地超过其他动物。随着生产力的提高，人类活动对环境的影响和冲击也日益增加。尤其是产业革命以后的近几百年间，开矿、挖煤、采油、伐林、垦荒、捕捞等规模迅速扩大，生物圈的面貌也发生了极大变化。这种变化不仅影响着其中的其他成员，也对人类自身产生了巨大影响。

自然生态系统达到成熟阶段时，其能量和物质的输入、输出之间往往保持相对平衡，而系统中的生物种数以及各种群的数量比例也相对稳定。这种生态平衡状态给生态学家以很大的启发：人类不仅要求生物圈能长期稳定地满足其不断增长的物质要求，而且要求环境质量不降低。形成这样的人与生物圈系统的总体平衡是人类的主要目标。

[二、板块构造学说]

板块构造学说是当代地球科学中最有影响的全球构造学说，地球的岩石圈分解为若干巨大的刚性板块即岩石圈板块，重力均衡地位于塑性软流圈之上，并在地球表面发生大规模水平转动；相邻板块之间或相互离散，或相互会聚，或相互平移，引起地震、火山和构造运动。板块构造学说囊括了大陆漂移说、海底扩张说、转换断层、大陆碰撞等概念和学说，为解释地球地质作用和现象提供了极有成效的模式。

根据物理性质可将地球上层自上而下分为刚性的岩石圈和塑性的软流圈两个圈层。岩石圈在侧向上被地震带所分割，形成若干大小不一的板块，称为岩石圈板块，简称板块。各板块的厚度不同，在几十千米至200千米。全球共可分为欧亚板块、太平洋板块、印度－澳大利亚板块、南极洲板块、美洲板块、非洲板块六大板块，六大板块中还可进一步划分为若干小板块。两个板块之间的接触带称

为板块边界，可分三类：①离散型边界。两个相互分离的板块之间的边界。又称生长边界。见于洋中脊或洋隆，以浅源地震、火山活动、高热流和引张作用为特征。洋中脊轴部是海底扩张的中心，也是地幔物质上涌、冷凝、生长出新的洋底岩石圈并添加到两侧分离的板块后缘所在。②会聚型边界。两个相互会聚、消亡的板块之间的边界。又称消亡边界。可分两个亚类，即俯冲边界和碰撞边界。现代俯冲边界位于太平洋周缘的海沟，大洋板块在此俯冲、潜没于另一板块之下；大洋板块俯冲殆尽，两侧大陆相遇汇合并相互碰撞，形成碰撞边界，欧亚板块南缘的阿尔卑斯－喜马拉雅带是典型的板块碰撞带的实例。③守恒型边界。相当于转换断层。两个相互剪切滑动的板块之间的边界。地震、岩浆活动、变质作用、构造活动等主要发生在板块边界。

板块运动是一板块对于另一板块的相对运动，其运动方式是绕一个极点发生转动，其运动轨迹为小圆。软流圈是地震横波波速降低、导电率显著升高的上地幔中的低速层，其物质可能较热、软、轻，具有一定的塑性，是上覆岩石圈板块发生水平方向上大规模运动的前提。板块运动的驱动力一般认为来自地球内部，最可能是地幔中的物质对流。

1. 大陆漂移说

大陆漂移说认为，地球上所有大陆在中生代以前曾经是统一的巨大陆块，称为泛大陆或联合古陆。中生代开始，泛大陆分裂并漂移，逐渐达到现位置。泛大陆的存在及大陆破裂、漂移的证据主要有：①大西洋两岸的海岸线相互对应，特别是巴西东端的直角突出部分与非洲西岸呈直角凹进的几内亚湾非常吻合。②美洲和欧洲、非洲在地层、岩石、构造上的相似和呼应。③大西洋两岸古生物群具有亲缘关系。④石炭纪－二叠纪时在南美洲、非洲中部和南部、印度、澳大利亚等大陆上发生过广泛的冰川作用。⑤现代精确的大地测量数据证实，大陆仍在持续缓慢地水平运动。⑥古地磁测量资料表明，许多大陆现在所处位置并不代表其初始位置，而是经过了或长或短的运移。

2. 海底扩张说

海底扩张说是沿大洋中部穿透岩石圈的裂缝或裂谷向两侧扩展并导致新生洋壳的学说。该学说认为，地幔物质在这种裂缝带下因软流圈内的物质上涌、侵入和喷出而形成新的洋壳，随着这个作用不断进行，新上涌侵入的地幔物质把原已形成的洋壳向裂谷两侧推移扩张，致使洋底不断新生和更新。由于洋壳不断向外推移，及至海沟岛弧一线，便受阻于大陆而俯冲下插于地幔，达到新生和消亡的消长平衡，从而使洋底地壳在两三亿年间更新一次。这一理论为板块构造说的兴起奠定了基础，并触发了地球科学的一场革命。通常用扩张速率来表示海底扩张作用的强度，一般以一侧的速率来表示。太平洋的扩张速率为每年 5 ～ 7 厘米，大西洋的扩张速率为每年 1 ～ 2 厘米。

[三、地球磁层]

地球磁层位于地球空间最外层的由稀薄等离子体构成的太空区域。太阳风经过行星附近时，把行星磁场屏蔽在外并把地球磁场包围起来，形成一个很长的、形如彗星般的腔体，称作地球空间。地球空间的最外层中等离子体的动力学特征由磁场控制，称为磁层。地球空间之外正对着太阳风方向有一个驻激波，称为舷激波；舷激波下游被压缩和加热的太阳风区域称磁鞘。

磁层的基本结构

地球磁层的存在是 1959 年被确认的。向阳面磁层顶的外形像一个略微压扁的半球；在日地连线方向上，它离地心的平均距

离为 $11R_E$（地球半径），太阳风动力压强增强时可减小到地球同步高度（地心距 $6.6R_E$）以下；在背阳面磁层可伸延到数百至上千 R_E 之外。地球磁层可划分为：①等离子体层。在中、低纬处于磁层底部并与电离层相连接的区域。内磁层的重要区域。等离子体层有一个陡峭的外边界，称为等离子体层顶，形状大体上与当地磁力线吻合，其地心距离为 $5 \sim 6R_E$。②地球辐射带与环电流区。地球辐射带是高能带电粒子的捕获区；环电流区是由能量为 $10 \sim 100$ 千电子伏的强能离子和电子，在赤道面附近漂移而形成的。两者的主要高度范围均与等离子体层重叠，属于内磁层。③磁尾。地球磁层向背阳方向延伸的部分称为地磁尾。磁尾外形像一个圆柱，半径为 $20 \sim 25R_E$。磁尾中心区域等离子体数密度较高的区域称为等离子体片。等离子体片中心有很强的跨越磁尾的电流，电流区很薄，磁场极弱，称中性片。等离子体片两侧到磁尾外边界之间，称为尾瓣，其中等离子体密度稀、温度低。尾瓣和等离子体片之间的交界区称等离子体片边界层。④磁层顶和磁层顶边界层。磁层与磁鞘之间的边界称磁层顶。它是一个电流片，在向阳面厚度为 $400 \sim 1000$ 千米，两侧磁场和等离子体特性发生跃变。磁层顶磁层一侧有一个磁鞘和磁层等离子体相混合的过渡区，在中低纬称为低纬边界层，在夜面高纬区称为等离子体幔。等离子体幔和低纬边界层的磁场会聚到极区，形成磁力线呈漏斗状的区域，称极尖区。磁鞘中的带电粒子可直接通过极尖区进入磁层。

第三章　固体地球

［一、岩石］

　　岩石是构成地壳和地幔的主要物质，是在地球发展的一定阶段经各种地质作用形成的固态产物。岩石是矿物的天然集合体。俗称石头。主要由一种或几种造岩矿物按一定方式结合而成，部分岩石是由火山玻璃或生物遗骸构成。陨石和月岩也属于岩石的范畴。

　　岩石按其形成过程分为三大类：①火成岩。熔融物质（一般为岩浆）在地下或喷出地表后冷凝形成的岩石，如花岗岩、玄武岩等。②沉积岩。风化作用、生物作用或某种火山作用形成的产物经搬运、沉积和石化作用在地表或接近地表条件下形成的岩石，如页岩、砂岩、石灰岩等。③变质岩。原先存在的岩石，在温度、压力升高条件下，矿物成分、结构构造经改造而形成的岩石，如片岩、片麻岩、大理岩、糜棱岩等。

　　三大类岩石的分布情况各不相同。沉积岩主要分布在大陆地表，约占陆壳面

积的75％。距地表越深，则火成岩和变质岩越多。地壳深部和上地幔，主要由火成岩和变质岩构成。

岩石作为天然物体具有特定的密度、孔隙度、抗压强度和抗拉强度等物理性质。此外，岩石受应力发生变形。岩石所受应力超过其弹性限度后，则发生塑性变形。一些工程中岩石长期荷载，也会造成蠕变和塑性流动。温度和围压（上覆岩石的负荷）增高，有利于塑性变形的发生。如果应力继续增加，则岩石发生破裂。

组成岩石的矿物主要是硅酸盐矿物（如长石、云母、角闪石、辉石、橄榄石）和石英；其次是各种氧化物矿物（如磁铁矿、钛铁矿、金红石）、碳酸盐矿物（如方解石、白云石）、磷酸盐矿物（如磷灰石）；有时含某些硫化物、硫酸盐或含稀有、稀土、放射性或贵金属元素的矿物，或者具特种性质的矿物（如金刚石）。

具经济价值或贵金属元素的矿物，在岩石中局部富集，达到可供开采和利用的质量和规模时即为矿产。各种金属和非金属矿产以及能源资源，绝大多数存在于各类岩石中，并与岩石的成因有联系。

［二、火成岩］

火成岩是由熔融岩浆直接冷却固结形成的各种结晶质或玻璃质岩石。又称岩浆岩。它是从地壳深处或上地幔产生的高温熔融岩浆，受到地质构造作用的影响，在地下一定深处或喷出地表后冷却形成的。

化学成分　几乎包括地壳中所有的化学元素。主要的元素有12种，即氧、硅、铝、钛、铁、锰、镁、钙、钠、钾、氢和磷。这些元素的质量占火成岩总重量的99％以上，属主要造岩元素。火成岩的成分一般以元素的氧化物表示，SiO_2、Al_2O_3、TiO_2、FeO、Fe_2O_3、MgO、CaO、Na_2O、K_2O、P_2O_5等含量约占火成岩平均化学成分的99.5％（重量百分比），并在各类火成岩中均有出现。

矿物成分　它是火成岩分类的重要依据。组成火成岩的矿物称为造岩矿物，常见的主要造岩矿物仅有 20 多种，如石英、长石（正长石、微斜长石、钠长石、更长石、中长石、拉长石）、黑云母、角闪石、辉石、橄榄石、霞石、白榴石、磁铁矿、钛铁矿、磷灰石、锆石、榍石等。其中以长石类最多。根据这些矿物的成分，又可分为硅铝矿物（又称浅色矿物）和铁镁矿物（又称暗色矿物）。浅色矿物包括石英、长石类、似长石类，其成分以硅铝为主，不含或含很少的铁镁成分；暗色矿物包括橄榄石类、辉石类、角闪石类、黑云母类，其成分含铁镁较高。

按造岩矿物在火成岩中的含量和对火成岩分类命名所起的作用，又把造岩矿物分为主要矿物、次要矿物、副矿物三类。主要矿物是确定岩石大类名称的主要依据，含量常大于 15%。次要矿物一般含量为 5%～15%，是对火成岩进一步划分种属的主要依据。黑云母或角闪石常是花岗岩中的次要矿物。副矿物在岩石中含量小于 1%～2%，常见的副矿物有磁铁矿、钛铁矿、磷灰石、锆石、榍石等。

火成岩的矿物按其成因又可分为三种类型，即原生矿物、他生矿物、次生矿物。原生矿物是岩浆在冷却过程中直接结晶的矿物。他生矿物是岩浆同化了围岩或捕虏体而形成的矿物。次生矿物是火成岩受地表风化而形成的新矿物，又称表生矿物。

结构　组成火成岩的矿物的结晶程度、颗粒大小、自形程度和矿物之间的互相关系。根据岩石中结晶质与非结晶质（玻璃）的比例，可分为全晶质结构、半晶质结构、玻璃质结构三种类型。根据组成火成岩主要矿物的粒径大小和肉眼下可辨认的程度，分为显晶质和隐晶质两类结构。按照矿物颗粒的相对大小，又可分为等粒结构、不等粒结构、斑状结构和似斑状结构。依据矿物的自形程度，可分为全自形粒状结构、半自形粒状

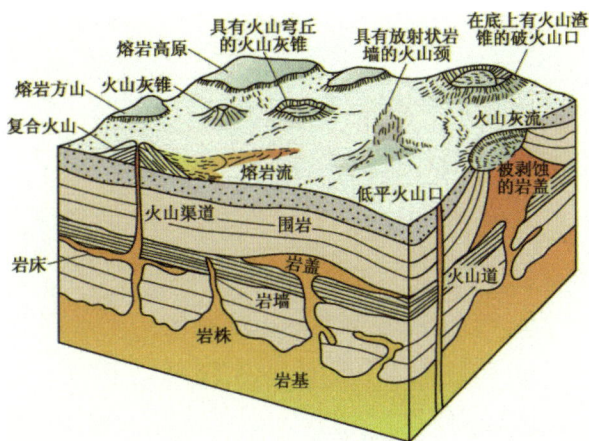

火成岩产状立体示意图

结构、全他形粒状结构。根据组成岩石的矿物之间互相关系，可分为文象结构、条纹结构、蠕虫结构、反应边结构、包含结构（又称嵌晶结构）。火成岩结构可反映出形成的条件。

构造　组成火成岩不同矿物集合体之间或矿物集合体与岩石其他组成部分之间的排列方式或充填空间的方式所构成的岩石特点。常见的构造有块状构造、条带构造、球状构造、晶洞构造、杏仁构造、枕状构造、流纹构造、柱状节理构造等。

产状　反映火成岩在自然条件下产出的状态。即火成岩产出的形态、岩体大小、与围岩的接触关系。包括侵入体产状和火山岩（又称喷出岩）产状。侵入体产状常见的有岩床、岩盆、岩盖、岩脉、岩株、岩基等。火山岩产状与喷发类型有密切关系，常见的火山岩产状有火山锥、熔岩流、熔岩被、岩钟、岩针等。

岩相　在不同条件和环境下形成的火成岩体岩石总的特征。主要包括形成时的温度压力、矿物组合、结构构造等特征。可分为侵入岩相和火山岩相。侵入岩相常划分为深成相和浅成相。火山岩相主要有溢流相、爆发相、侵出相、火山颈相、潜火山相、火山沉积相。

分类　自然界中火成岩种类很多，已认识的有 1000 余种。常用的三种分类方法是：①根据 SiO_2 的含量分为四大类，即超基性岩（SiO_2 含量小于 45%），如橄榄岩、辉石岩等；基性岩（SiO_2 含量为 45%～53%），如辉长岩、辉绿岩、玄武岩等；中性岩（SiO_2 含量为 53%～66%），如闪长岩、正长岩、安山岩等；酸性岩（SiO_2 含量大于 66%），如花岗岩、流纹岩等。每一大类又根据 $K_2O +$ Na_2O 的总含量划分为钙碱性岩（钙碱性岩系列）、碱性岩（碱性岩系列）、过碱性岩（过碱性岩系列，酸性岩无此系列）。②根据火成岩的主要矿物成分及含量，普遍使用的矿物分类法是 1972 年国际地质科学联合会火成岩分类会上推荐的矿物定量分类命名法。主要考虑了斜长石、碱性长石、石英、似长石和铁镁矿物及其含量。③根据火成岩的产状和结构构造，又可分为侵入岩类和喷出岩类，侵入岩类根据其形成的深度又分为深成侵入岩和浅成侵入岩。

火成岩与矿产　许多金属和非金属矿产，稀有、稀土、放射性等矿产大多蕴

藏在火成岩中，或与火成岩在成因和时空上有密切的关系。超基性岩类多与铬、铂矿床有关，基性岩类多与钒钛磁铁矿、铜镍矿床有关，中酸性岩类多与夕卡岩型的铜、铁矿关系密切。与花岗岩有关的多金属矿有钨、铍、铌、钽、锂、铀、铜、金、钼、铅、锌等，碱性岩类中常有丰富的稀有和稀土元素矿床。花岗岩等各种火成岩通常是高贵的装饰石材和建材，酸性火山岩可做良好的保温、隔音原材料。玄武岩的气孔中常形成有价值的冰洲石和玛瑙。玄武岩和辉绿岩还是铸石和生产岩棉的主要原料，也是生产水泥的配料。

1. 玄武岩

玄武岩是大洋地壳和月球月海的最主要组成物质，也是陆壳和月陆的重要组成物质。

化学和矿物成分　玄武岩 SiO_2 含量基本为 45% ~ 53%，少部分碱性系列的玄武岩 SiO_2 含量偏低，少数低至 42% 左右。亚碱性系列玄武岩 $K_2O + Na_2O$ 含量一般在 4% 左右，碱性系列玄武岩一般大于 5%，Na_2O 含量大于 K_2O 的占多数。亚碱性系列中 TiO_2 的含量多小于 2%，而碱性系列中多数大于 2%。亚碱性系列玄武岩的矿物成分主要为基性斜长石和辉石(斜方辉石和单斜辉石)，橄榄石次之，少见角闪石和黑云母。副矿物常见有磁铁矿、钛铁矿和磷灰石等。碱性系列玄武岩主要矿物为辉石、基性－中性斜长石及碱性长石，辉石多为含钛较高的普通辉石和富钙的透辉石，也可有部分碱性辉石，但不含斜方辉石；橄榄石含量一般较少，但在某些富碱的玄武岩中含量可达 25%。一些过碱性玄武岩中还有大于 5% 的霞石或石榴子石。副矿物除钛铁矿、磁铁矿、磷灰石外，还可有榍石。

玄武岩的次生变化常有绿泥石化、绿帘石化、泥化、绢云母化、碳酸盐化等。橄榄石的还常有伊丁石化。

结构和构造　玄武岩多为斑状结构，部分为无斑微晶隐晶质结构。基质多为微晶隐晶质结构。玄武岩的构造常见有块状构造、气孔构造、杏仁构造，有些玄武岩可有绳状构造、渣状构造、柱状节理构造等，一些水下喷发的玄武岩还常有枕状构造。

分类 ①根据主要矿物成分，可分为橄榄玄武岩、辉石玄武岩、细碧岩等。②根据化学成分，可分为亚碱性玄武岩和碱性玄武岩两个系列。亚碱性玄武岩又可进一步分为钙碱性玄武岩和拉斑玄武岩。③根据结构特征，可分为粒玄武岩、隐晶质玄武岩、玻基玄武岩、玻璃质玄武岩。④根据构造特征，可分为块状玄武岩、气孔状玄武岩、杏仁状玄武岩、熔渣状玄武岩、绳状玄武岩、枕状玄武岩等。

玄武岩柱状节理（广东湛江）

分布 世界上玄武岩分布最广泛的地区有西伯利亚、印度、南非、阿根廷、巴西、乌拉圭、美国、冰岛、苏格兰等地。从区域构造环境看，不同类型的玄武岩分布有不同的规律。拉斑玄武岩主要分布在大洋中脊，高铝玄武岩（$Al_2O_3 > 16\% \sim 17\%$）主要分布在活动大陆边缘和岛弧中，碱性玄武岩主要分布在大陆内裂谷带地区。

矿产 玄武岩与矿产的关系较密切，常见的是铜铁矿，主要与细碧岩有关的黄铁矿型铜矿。玄武岩气孔中常有方解石和硅质充填，有时可形成很好的冰洲石和玛瑙矿床。有的玄武岩有地幔岩包体，包体

绳状玄武岩（黑龙江五大连池）

中常有橄榄石、蓝刚玉、红色锆石、石榴了石大晶体。玄武岩还是铸石和岩棉的主要原料。玄武岩经过化学风化，最后可形成铝土矿。

2. 辉长岩

辉长岩有灰、灰黑、灰白等色。多为半自形中细粒－中粗粒粒状结构，称为辉长结构。块状构造，也有部分为带状构造。主要矿物成分为基性斜长石和富钙的单斜辉石（异剥石、普通辉石、透辉石），斜长石和辉石含量约各占一半。次要矿物有橄榄石、斜方辉石、角闪石和黑云母，有的也可含少量的钾长石和石英。

副矿物常有磷灰石、榍石和磁铁矿。根据
暗色矿物含量的不同，可分为暗色辉长岩
（暗色矿物含量大于65％）和浅色辉长岩
（暗色矿物含量小于35％）。根据暗色矿
物的种类不同，又可分为异剥辉长岩、苏
长岩、辉长苏长岩、橄长岩、角闪辉长岩、
石英辉长岩。常见的次生变化有纤闪石化、

辉长岩（7厘米×10厘米，山东济南）

帘石化、绿泥石化、碳酸盐化、绢云母化及泥化。产状多为岩盆、岩床、岩盖、
小岩株和岩脉。月球上也有辉长岩，月球辉长岩贫碱富钙，斜长石更基性，主要
为培长石；钛铁矿较多（为10％～18％），还有少量宇宙外来物如陨硫铁、金
属铁等。与辉长岩有关的矿产主要为铜镍硫化矿床、铬铁矿和钒钛磁铁矿床。辉
长岩可作良好的建筑石材和装饰石材。

3. 花岗岩

花岗岩多为肉红、浅灰、灰白色。SiO_2 含量高，大于66％；富含 K_2O、
Na_2O，平均含量为6％～8％；而 FeO、Fe_2O_3、MgO、CaO 含量较低。一般矿
物成分主要由石英、碱性长石和酸性斜长石（有的也可为中酸性斜长石）组成，
含量达85％以上，其中石英含量大于20％。次要矿物为黑云母，也可有角闪石
和辉石，含量为10％左右。副矿物常有锆石、榍石、磷灰石、电气石、磁铁矿等。
花岗岩常见的次生变化有钠长石化、云英岩化、绢云母化、泥化、硅化、绿泥
石化等。

花岗岩的结构多为半自形粒状结构，又称
花岗结构，也可见似斑状结构、斑状结构。花
岗岩多为块状构造，也可有斑杂构造、条带状
构造、晶洞构造、似片麻状构造，少数花岗岩
还有特殊的球状环斑构造（又称更长环斑结构）。

根据 K_2O、Na_2O 与 SiO_2 的关系，花岗岩

花岗岩（8厘米×12厘米，广东台山）

可分为钙碱性系列和碱性系列。根据铁镁矿物不同、钾长石与斜长石含量的差别，花岗岩还可分为不同的种属，常见的有黑云母花岗岩、角闪花岗岩、白云母花岗岩、二云母花岗岩、碱长花岗岩、二长花岗岩、白岗岩、花岗闪长岩、霓辉石花岗岩、霓石花岗岩、钠铁闪石花岗岩、英云闪长岩、更长环斑花岗岩、紫苏花岗岩、花岗斑岩、花岗闪长斑岩等。

花岗岩与矿产关系密切，常见钨、锡、钼、铜、铅、锌、锑、铍、铌、钽、铀、金等多金属和稀有金属矿床。花岗岩还是优良的建筑石材，颜色美观的是高档装饰石材。

花岗岩地貌景观（江西玉山三清山秀峰）

4. 金伯利岩

金伯利岩是产金刚石的最主要火成岩之一。

特征　金伯利岩的化学成分特点是：SiO_2 含量比一般超基性岩类低，平均 30％左右，和 MgO 的含量相近；钾钠含量比一般超基岩类高，且 K_2O 的含量高于 Na_2O，显示了偏碱性且富钾的特征；微量元素钛、磷、铬、钴、镍、铌含量也较高，稀土元素中轻稀土元素明显富集。

金伯利岩的矿物成分以含有高温、高压矿物和特殊的矿物组合为特征。包括原生矿物、蚀变矿物和包体矿物等。原生矿物主要为橄榄石、金云母。副矿物有镁铝榴石、含铬透辉石、铬铁矿、铬尖晶石等。蚀变矿物最常见的有蛇纹石、滑石、碳酸盐矿物、绿泥石等。包体矿物主要有上地幔超镁铁质岩石破碎的捕虏体以及从岩浆中结晶出的巨晶，如镁铝榴石，单斜辉石，

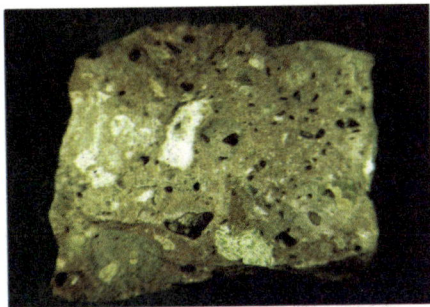
斑状金伯利岩（6厘米×8厘米，山东蒙阴）

大粒径半自形的橄榄石、斜方辉石，扭曲变形的金云母等。金伯利岩常见的结构有细粒结构、斑状结构、火山碎屑结构和环边假象结构。常见的构造有块状构造、角砾状构造，有时可见岩球构造。

类型　按结构可分为斑状金伯利岩、金伯利角砾岩和凝灰状金伯利岩三大类。根据主要矿物不同可分为两种基本类型，即橄榄石型（金云母含量小于25%）和金云母型（金云母含量大于50%）。常见的岩石种类有斑状金伯利岩、细粒金伯利岩、金伯利角砾岩、金伯利凝灰岩和斑状云母金伯利岩等。

分布　金伯利岩主要分布在构造稳定的地台区。世界上绝大多数的金伯利岩和金刚石砂矿，都分布在非洲－阿拉伯地台和西伯利亚地台。

5. 橄榄岩

橄榄岩多为深绿色或黑绿色，化学成分特点是 SiO_2 含量小于45%，平均值为42.3%，Fe、Mg 含量高于其他各类火成岩。岩石结构主要为半自形粒状结构、粒状镶嵌结构、网状结构等。主要矿物为橄榄石和辉石，次要矿物有角闪石、黑云母，不含或偶见基性斜长石。橄榄石含量变化于40%～90%。辉石有富镁的斜方辉石和富钙的单斜辉石。常见的副矿物有尖晶石、铬铁矿、钛铁矿、磁铁矿和磷灰石等。根据橄榄石和辉石的含量比例不同，可分为纯橄榄岩（橄榄石含量大于90%）、辉石橄榄岩（橄榄石含量为75%～90%）、橄榄岩（橄榄石含量为40%～75%）。根据辉石的种属不同，又可分为方辉橄榄岩（含斜方辉石为主）、单辉橄榄岩（含单斜辉石为主）和二辉橄榄岩（两种辉石含量相近）。

纯橄榄岩（6厘米×9厘米，陕西商南）

自然界新鲜的橄榄岩很少，多已发生次生变化，主要为蛇纹石化，其次有滑石化、绿泥石化、透闪石化、碳酸盐化等。橄榄岩的产状为独立小侵入岩体，或以包体的形式产在碱性玄武岩和金伯利岩中。

橄榄岩在中国的西藏、青海、甘肃、宁夏、陕西、河北、内蒙古、康滇地轴等地有广泛分布。与橄榄岩有关的矿产有铬、镍、钴、铂、稀土等多种金属矿。非金属矿产有滑石、石棉、菱镁矿、磷灰石等。橄榄岩经蚀变形成的蛇纹岩，是很好的玉石材料和装饰石材。一些结晶较粗大（大于 3～4 毫米）的橄榄石，可作为宝石。橄榄岩可与磷块岩或磷灰石一起烧制钙镁磷肥，还可作为提取金属镁、镁化合物的原料，亦可用作耐火材料。

6. 闪长岩

闪长岩以灰色为主，结构多为中细粒或中粒半自形粒状结构。构造常为块状，少数可见斑杂构造、条带状构造。一般暗色矿物含量约占 30%，浅色矿物约占 70%，主要矿物为普通角闪石和中性斜长石，次要矿物有辉石、黑云母、钾长石（小于 10%）、石英（小于 5%），次要矿物含量是可变的。典型的闪长岩中斜长石常常发育有较好的环带构造和聚片双晶。

根据闪长岩所含的主要暗色矿物不同，可分为角闪闪长岩、辉石闪长岩、黑云母闪长岩。如石英含量大于 5% 而小于 20%，可称为石英闪长岩。常见的次生变化：铁镁矿物常发生绿泥石化、绿帘石化、纤闪石化，长石类矿物主要发生钠黝帘石化、绢云母化和泥化等。闪长岩较少成独立岩体产出，多与辉长岩或花岗岩体共生，若形成独立岩体，常为小岩株、岩盆、岩盖、岩床、岩脉等。与闪长岩有关的矿产主要是铜、铁夕卡岩型矿床，矿床主要形成在闪长岩与碳酸盐岩的接触带上。闪长岩有较强的抗风化能力，是较好的建筑石材和装饰石材。

闪长岩（8厘米×12厘米，河北涉县）

7. 安山岩

安山岩多为灰、暗灰、灰绿、紫褐等色。化学成分中 SiO_2 平均含量为 58.17%，Na_2O 为 3.48%，K_2O 为 1.62%，CaO 为 6.79%。

岩石为块状构造，也有气孔、杏仁构造，杏仁主要为硅质、碳酸盐类。具斑状结构，斑晶主要为斜长石和角闪石；基质由斜长石、辉石、绿泥石

角闪安山岩（5 厘米 ×7 厘米，北京昌平）

微晶和玻璃质组成。碱性长石和石英少见，多成不规则状充填在微晶间隙中。副矿物为磷灰石和铁质氧化物。据暗色矿物斑晶成分又可分为辉石安山岩、角闪安山岩和黑云母安山岩。次生变化主要为绿泥石化、绿帘石化、碳酸盐化、泥化等。在热液的作用下，还可形成青盘岩化而成变质安山岩。安山岩产状多为岩流、岩穿。分布较广，主要分布在活动大陆边缘、造山带及近代火山岛弧区，如环太平洋周边有广泛的安山岩分布，因此有"安山岩线"之称。中国东部及沿海地区有产出。与安山岩有关的矿产有铁、铜、金、银、铅、汞等。色泽美观的安山岩可作装饰石材和建筑石材。

8. 黑曜岩

黑曜岩多为黑色、黑褐色，玻璃质结构，部分可见强熔结凝灰结构，致密块状。有明显的玻璃光泽，断口平整光滑或具贝壳状，主要由玻璃质组成，性脆易碎，可有少量的斑晶或雏晶。有的可见石泡构造。黑曜岩多与其他酸性火山岩共生。

黑曜岩（6 厘米 ×9 厘米，美国）

黑曜岩有一些独特的物理性能，如容重小、易破碎、导热系数低、绝缘性好、耐火度高、吸音性好、吸湿性小、抗冻耐酸、

膨胀性好等。广泛应用于建筑、冶金、石油、化工、电力、农田改良、铸造等方面。工业上使用的技术指标要求和珍珠岩相同。

9. 伟晶岩

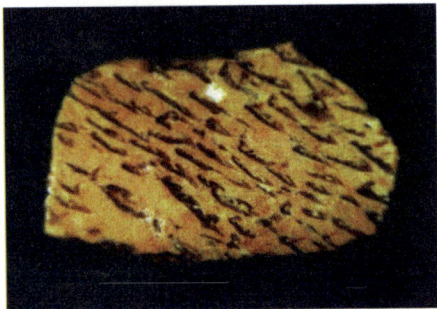

文象伟晶岩（6厘米×9厘米 河北宣化）

伟晶岩是由粗粒或巨粒矿物组成的脉状侵入岩。矿物颗粒大于 5 厘米，一般都达 10 厘米以上，且常常不均匀。常含微量元素、稀有元素和富含挥发分的矿物（如黄玉、电气石、绿柱石等）。伟晶岩可分为辉石伟晶岩、辉长伟晶岩、闪长伟晶岩、花岗伟晶岩、正长伟晶岩等种属。最常见、分布最广的是花岗伟晶岩。伟晶岩的规模变化较大，一般长数米至数十米，厚数厘米至数米。伟晶岩内部构造有的单一，有的有分带现象，较完整的由外向内分为四个带：①边缘带。一般结晶细，由细粒长石和石英组成，成分相当于细晶岩。②外侧带。结晶变粗，由斜长石、钾长石、石英、白云母等矿物组成，成分相当于花岗岩。③中间带。矿物粒度更大，由块状钾长石、少量石英组成，矿物粒径多大于 10 厘米。④内核带。处于伟晶岩脉中央，主要矿物是石英，与石英共生矿物则较复杂；核心常有晶洞、晶腺构造。与伟晶岩相关的矿产有锂、铍、铌、钽等稀有元素矿床，白云母、水晶、长石以及宝石级的电气石、绿柱石和黄玉等。中国伟晶岩分布较广，有片麻岩出露的老地层和花岗岩发育区，几乎都可找到伟晶岩。

[三、沉积岩]

沉积岩是地表和地表下不太深的地方形成的地质体，它是在常温常压条件下由风化作用、生物作用和某种火山作用产生的物质经过改造（如搬运、沉积和成岩作用）而形成的岩石。曾称水成岩。沉积物是沉积岩的前身，是陆地或水盆地中的松散碎屑物、沉淀物、生物物质等，主要是母岩风化的陆源与内源物质，其次是火山喷发物、有机物和宇宙物质等。

沉积岩的体积只占岩石圈的5%，但其分布面积却占陆地面积的75%，大洋底部几乎全部为沉积岩或沉积物所覆盖。沉积岩种类很多，其中最常见的是泥质岩、砂岩和石灰岩，它们占沉积岩总数的95%。

由于沉积分异作用的原因，不同类型沉积岩石的化学成分差别很大，如碳酸盐岩以钙镁氧化物和 CO_2 为主，砂岩以 SiO_2 为主，泥岩则以铝硅酸盐为主。在矿物成分方面，岩浆岩中常见的铁镁矿物在沉积岩中少见，沉积岩中常见的盐类矿物和黏土矿物在岩浆岩中不存在或罕见。

在结构构造方面，如水平层理、交错层理等层理构造，波痕、泥裂、雨痕等层面构造，发育的缝合线等溶解构造为岩浆岩所没有。含有生物化石也是沉积岩的特征。

按沉积物的来源把沉积岩分为两大类：①陆源碎屑岩。主要由陆地岩石风化、剥蚀产生的各种碎屑物构成。按颗粒粗细分为砾岩、砂岩、粉砂岩和泥质岩。②内积岩。主要指在盆地内沉积的化学岩、生物－化学岩，也有波浪、潮汐作用堆积形成的颗粒岩（内碎屑岩、骨粒岩、鲕粒岩等）。内积岩按造岩成分分为铝质岩、铁质岩、锰质岩、磷质岩、硅质岩、蒸发岩、可燃有机岩（褐煤、煤、油页岩）和碳酸盐岩（石灰岩、白云岩等）。此外，由不同性质的流体可形成不同沉积岩。如浊流作用形成浊积岩，风暴流作用形成风暴岩，平流作用形成平流岩，滑塌作用可形成滑积岩，造山作用前后常可分别形成复理石和磨拉石。

沉积岩中蕴藏着大量的矿产。世界资源总量的75%～85%是由沉积或沉积变质形成的。石油、天然气、油页岩和煤几乎全为沉积形成。许多沉积岩本身就是有用的矿产，如建筑石料、水泥及玻璃原料、冶金熔剂及耐火材料等大多是沉积岩。沉积岩与地下水开发利用、工程建设的规划和设计有密切关系。沉积岩是地壳发展历史的重要记录，通过沉积岩的研究可查明地质历史时期自然地理变迁、

地壳运动及构造变动情况，通过沉积岩中所含古生物化石的研究还可获得生命起源和生物演化的宝贵资料。

1. 石灰岩

石灰岩形成的石林（云南石林）

主要由方解石组成的碳酸盐岩。简称灰岩。常见的沉积岩。古代石灰岩则是由低镁方解石组成。石灰岩成分中经常混入白云石、石膏、硬石膏、菱镁矿、黄铁矿、蛋白石、玉髓、石英、海绿石、萤石、磷酸盐矿物等。此外还常含有黏土、石英碎屑、长石碎屑和其他重矿物碎屑。现代碳酸钙沉积物由文石、高镁方解石组成。

分类 主要有两种：一种是化学成分的分类，多被化工等部门采用；另一种是结构多级分类，多被地质、石油等部门采用。按结构成因主要分为：①颗粒灰岩。由颗粒组分形成的石灰岩。②泥晶灰岩。由无黏结作用的泥晶方解石组成的石灰岩。③叠层灰岩。主要由分泌黏液的藻类（蓝藻、绿藻），通过捕集、黏结碳酸盐颗粒物质形成的岩石。④凝块灰岩。为无隐藻纹层的凝块状石灰岩。⑤骨架灰岩。又称生物礁灰岩。一种造骨架的碳酸盐生物构筑体。骨架将碳酸岩沉积物黏在一起，形成固定在海底上的坚硬的具有抗浪性的碳酸盐岩礁。⑥白垩。一种细粒白色疏松多孔易碎的石灰岩，质极纯，其 $CaCO_3$ 含量大于97%，矿物成分主要为低镁方解石，可含少量黏土矿物及细粒石英碎屑，生物组分主要是颗石藻（2～25微米）和少量钙球。⑦结晶灰岩。泛指由结晶方解石或重结晶方解石组成的石灰岩。⑧钙结岩。一种发育于干旱或半干旱地区土壤和细砂中的富石灰质沉

石灰岩形成的峰林（广西桂林）

积物，呈同心环带的似枕状体。

用途 主要用于混凝土骨料和铺路基石，制造水泥和石灰，冶金工业中作熔剂，环保中用于软化饮用水及污水处理，农业中作土壤调节剂、家禽饲料添加剂，还可用于轻工、化工、纺织、食品等工业。在石灰岩发育地区，常形成石林、溶洞等风景区，是宝贵的旅游资源。

2. 砾岩

砾岩是粒径大于 2 毫米的圆状和次圆状的砾石占岩石总量 30% 以上的碎屑岩。砾岩中碎屑组分主要是岩屑，只有少量矿物碎屑，填隙物为砂、粉砂、黏土物质和化学沉淀物质。根据砾石大小，砾岩分为巨砾砾岩（大于 256 毫米）、卵石砾岩（64 ~ 256 毫米）、砾石砾岩（2 ~ 64 毫米）。

砾岩（河南鹤壁）

砾石砾岩可细分为粗砾砾岩（16 ~ 64 毫米）、中砾砾岩（4 ~ 16 毫米）和细砾砾岩（2 ~ 4 毫米）。根据砾石成分的复杂性，砾岩可分为单成分砾岩和复成分砾岩。根据砾岩在地质剖面中的位置，可分为底砾岩和层间砾岩。底砾岩常位于海侵层序的底部，与下伏岩层呈不整合或假整合接触，代表了一定地质时期的侵蚀沉积间断。层间砾岩整合地产于地层内部，不代表任何侵蚀间断。根据成因还可分为河流砾岩、滨岸砾岩、冰碛砾岩等。

巨厚的砾岩层往往形成于大规模的造山运动之后，是强烈地壳抬升的有力证据。砾岩的成分、结构、砾石排列方位和砾岩体的形态反映陆源区母岩成分、剥蚀和沉积速度、搬运距离、水流方向和盆地边界等自然条件。这些对岩相古地理的研究都是非常重要的。此外，古砾石层常是重要的储水层，砾岩的填隙物中常含金、铂、金刚石等贵重矿产，砾岩还可作建筑材料。

3. 砂岩

砂岩由碎屑和填隙物组成。碎屑成分以石英为主，其次是长石、岩屑，以及云母、绿泥石、重矿物（如磁铁矿、钛铁矿）等。填隙物包括化学胶结物和杂基（黏土基质）。胶结物中占绝对优势的是硅质和碳酸盐质。碎屑主要有陆源的、盆内的（大部分为碳酸盐砂）和火山源的，其中以陆源的数量最多。砂岩的化学成分变化极大，它取决于碎屑和填隙物的成分。砂岩化学成分以 SiO_2 和 Al_2O_3 为主。

红色砂岩地貌景观（广东仁化丹霞山）

硬砂岩在地质记录中，特别是在较老地层中是丰富的，成为复理石层系的重要组成部分，经常和海相页岩及板岩成互层，并与水下熔岩流和燧石岩相共生。硬砂岩主要是海相的，代表造山带的产物，在稳定的克拉通地区通常没有硬砂岩。但在中国中新生代陆相地层中却存在大量硬砂岩，它们富含岩屑，特别是火山岩屑，产于中新生代的大陆裂谷湖盆中。

石英砂岩地貌景观（湖南武陵源）

砂体和砂岩构成了石油、天然气和地下水的重要储集层。磁铁矿、钛铁矿等砂矿都是重要的沉积矿产。许多砂和砂岩都可用作磨料、玻璃原料、建筑材料等。

4. 白云岩

白云岩是一种主要由白云石组成的碳酸盐岩。常混入方解石和黏土矿物等杂质。呈灰白色，性脆，硬度小，用铁器易划出擦痕。遇稀盐酸缓慢起泡或不起泡，外貌与石灰岩很相似。按成因可分为原生白云岩、成岩白云岩和后生白云岩，按结构可

白云岩

分为结晶白云岩、残余异化粒子白云岩、碎屑白云岩、微晶白云岩等。白云岩含镁较高，风化后形成白色石粉。较石灰岩坚韧。在冶金工业中可作熔剂和耐火材料，在化学工业中可制造钙镁磷肥、粒状化肥等。此外，也用作陶瓷、玻璃配料和建筑石材。

5. 蒸发岩

蒸发岩是在封闭、半封闭的环境中，含盐度较高的溶液或卤水由于干旱炎热气候条件下的强烈蒸发作用而形成的化学沉积岩。又称盐岩。蒸发岩中最常见的盐类矿物有天然碱、苏打、芒硝、无水芒硝、钙芒硝、石膏、硬石膏、石盐、泻利盐、杂卤石、光

层状硬石膏岩

卤石和钾石盐，有的盐湖中还有固体硼砂矿物或含硼、溴、碘的卤水。蒸发岩一般具有结晶结构，有时可再结晶为数毫米甚至数厘米的巨晶结构。一般呈层状构造，往往也具角砾状、泥砾状的次生构造，并可形成盐溶角砾岩。由于不同地区或不同成岩时代陆地水和海水的化学性质不同（如氯化物型、硫酸盐型和混合型等），产生了含不同盐类矿物组合的现代盐湖和不同盐类组成的古代盐类矿床。

中国青海柴达木盆地中的察尔汗盐湖，沉积了光卤石矿层；青海和西藏的一些盐湖中有硼矿沉积；内蒙古、新疆的一些现代盐湖中天然碱相当丰富。加拿大、俄罗斯、白俄罗斯和德国有很大储量的钾石盐矿床，是世界范围内的钾肥矿产供应地。泰国和老挝有古代的固体光卤石矿床。中国盐湖或与固体盐层有关的地下卤水含有多种稀有元素，如硼、溴、碘、铯、锂等，都具有综合利用价值，西藏的盐湖中发现了含锂和铯的沉积矿物。蒸发岩中的石盐、钾盐、石膏、天然碱等都是重要的资源。

［四、变质岩］

变质岩是火成岩或沉积岩受变质作用形成的岩石，是组成地壳的三大岩石类型之一，约占地壳总体积的27%。主要特征是这类岩石大多数具有结晶结构、定向构造（如片理、片麻理等）和由变质作用形成的特征变质矿物（如红柱石、蓝晶石、十字石、堇青石、蓝闪石、硬柱石等）。

化学成分　变质岩的化学成分变化较大，它与原岩的化学成分有密切关系，同时与变质作用的特点有关。如在岩浆岩（超基性岩－酸性岩）形成的变质岩中，SiO_2含量多为35%～78%；在沉积岩（石英砂岩、硅质岩）形成的变质岩中，SiO_2含量可大于80%；而原岩为纯石灰岩时，SiO_2含量则可降低至零。

矿物成分　变质岩的矿物成分，决定于原岩成分和变质条件（温度、压力等）。在有交代作用的情况下，变质岩的矿物成分还与交代作用的性质和强度有关。变质岩除含有主要造岩矿物外，还常出现铝的硅酸盐矿物（红柱石、蓝晶石、夕线石）、复杂的钙镁铁锰铝的硅酸盐矿物（石榴子石类）、铁镁铝的铝硅酸盐矿物（堇青石、十字石等）、纯钙的硅酸盐矿物（硅灰石等）及主要造岩矿物中的某些特殊矿物（蓝闪石、绿辉石、文石、硬玉、硬柱石等）。

结构构造　变质岩结构按成因可分为：①变余结构。由于变质结晶和重结晶作用不彻底而保留下来的原岩结构的残余。如变余砂状结构、变余辉绿结构等。②变晶结构。岩石在变质结晶和重结晶作用过程中形成的结构。如粒状变晶结构、鳞片变晶结构等。③交代结构。由交代作用形成的结构。如交代假象结构、交代残留结构。④碎裂结构。岩石在应力作用下，发生碎裂、变形而形成的结构。如碎斑结构、糜棱结构等。

变质岩构造按成因分为：①变余构造。变质岩中保留的原岩构造。如变余层理构造、变余气孔构造等。②变成构造。变质结晶和重结晶作用形成的构造。如板状、千枚状、片状、片麻状、条带状、块状等构造。

分类 变质岩按变质作用类型和成因分为：①区域变质岩。由区域变质作用形成。如板岩、千枚岩、片岩、片麻岩、绿片岩、角闪岩、麻粒岩、榴辉岩、蓝闪石片岩等。②热接触变质岩。由热－接触变质作用形成。如斑点板岩、角岩等。③接触交代变质岩。由接触交代变质作用形成。如各种夕卡岩。④动力变质岩。由动力变质作用形成。如压碎角砾岩、碎裂岩、碎斑岩、糜棱岩等。⑤气液变质岩。由气液变质作用形成。如云英岩、次生石英岩、蛇纹岩等。⑥冲击变质岩。由冲击变质作用形成。如冲击岩。在每一大类变质岩中可再做进一步划分。

分布 变质岩在地壳内分布很广，大陆和洋底都有，在时间上从太古宙至现代均有产出。在各种成因类型的变质岩中，区域变质岩分布最广，其他成因类型的变质岩分布有限。区域变质岩出露面积约占大陆面积的18%。

矿产 变质岩分布区矿产丰富，世界上发现的各种矿产，变质岩系中几乎都有。有许多特大型矿床，如金、铁、铬、镍、铜、铅、锌、滑石、菱镁矿等。其他如与夕卡岩有关的铁矿床、铜铅锌等多金属矿床，与云英岩有关的钨锡钼铋铍钽矿床等，也与变质岩的形成有关。

1. 片麻岩

片麻岩是主要由长石、石英组成，具中粗粒变晶结构和片麻状或条带状构造的变质岩。关于片麻岩的含义及其与片岩的区分标志，各国岩石学家的看法不尽一致。在中国，片麻岩指矿物组成中长石和石英含量大于50%，其中长石含量大于25%的变质岩。片麻岩的原岩类型和形成条件

片麻岩（6厘米×8厘米，河北张家口）

比较复杂。按原岩主要有富铝片麻岩、斜长片麻岩、碱性长石片麻岩、钙质片麻岩。片麻岩的进一步命名，可按特征变质矿物、片柱状矿物和长石种类进行，如石榴黑云斜长片麻岩、夕线石榴钾长片麻岩等。

片麻岩在世界各大陆如北欧的波罗的地盾、北美洲的加拿大地盾、非洲大陆、

印度半岛、澳大利亚和中国的华北陆台等地均有分布。片麻岩中常赋存大量非金属矿产，如石墨、石榴子石、夕线石等。可作建筑石材和铺路原料。

2. 石英岩

石英岩

石英岩是主要由石英组成的变质岩。由石英砂岩及硅质岩经变质作用形成。常为粒状变晶结构，块状构造。按石英含量可分为两类：①长石石英岩。石英含量大于75％，长石含量一般小于20％。②石英岩。石英含量大于90％，可含少量云母、长石、磁铁矿等矿物。不同原岩形成的石英岩，可根据结构、变晶粒度、副矿物、岩石共生组合及产状等加以区分。如由单矿物石英砂岩形成的石英岩粒度较粗，含有较多的锆石等副矿物；由硅质岩形成的石英岩，矿物粒度很少大于0.2毫米，一般不含副矿物。

石英岩主要用作冶炼有色金属的熔剂，用于制造酸性耐火砖（硅砖）和冶炼硅铁合金等。纯质的石英岩可制石英玻璃、熔炼水晶和提炼结晶硅。中国北方元古宇长城系底部有大量石英岩分布。

3. 绿片岩

绿片岩是主要由绿泥石、绿帘石、阳起石、钠长石和石英等矿物组成的、具片状构造的低级区域变质岩。因其主要矿物肉眼均呈绿色，又称绿色片岩。原岩为基性火山岩、凝灰岩、硬砂岩及铁质白云质泥灰岩等。基性岩典型矿物共生组合有：绿泥石－绿帘石－钠长石－（方解石），阳起石－绿帘石－钠长石，绿泥石－绿帘石－阳起石－钠长石。基性凝灰岩变质的绿片岩中多含黑云母和石英，硬砂岩变来的绿片岩含较多的石英，泥灰岩变成的绿

绿片岩

片岩含较多的绿帘石和方解石。绿片岩中的副矿物有磁铁矿、水滴状的榍石和他形粒状的磷灰石。绿片岩进一步命名时，常以最多的暗色矿物作为基本名称，如绿帘绿泥片岩、绿泥阳起片岩等。

4. 蓝闪石片岩

蓝闪石片岩是以含蓝闪石类矿物为特征的高压变质岩。又称蓝片岩。常见矿物组成有黑硬绿泥石、绿泥石、钠长石、多硅白云母、石英、绿帘石、硬玉和硬柱石，有时含蓝闪石、透闪石、阳起石、黝帘石和石榴子石。一般为细粒粒状鳞片变晶结构，片状构造。原岩主要为基性火山岩和

蓝闪石片岩

硬砂岩。常与绿片岩、榴辉岩等共生。蓝闪石片岩是在低温高压条件下形成的，形成温度在 $250 \sim 400℃$，压力为 $(0.5 \sim 1) \times 10^9$ 帕。高压可由埋深（地壳的深俯冲、推覆体叠置引起）或超液压（由快速加热产生的液体超压）所引起。蓝闪石片岩常呈不连续和高度变形的带状产出。

蓝闪石片岩在环太平洋褶皱带的日本、印度尼西亚、新西兰、美国加利福尼亚州、智利等均有分布。在中国主要出现在西藏的雅鲁藏布江缝合带和大别苏鲁碰撞造山带。

5. 夕卡岩

夕卡岩是主要由富钙或富镁的硅酸盐矿物组成的变质岩。矿物成分主要为石榴子石类、辉石类和其他硅酸盐矿物。细粒至中、粗粒不等粒结构，条带状、斑杂状和块状构造。颜色取决于矿物成分和粒度，常为暗绿色、暗棕色和浅灰色，密度较大。根据成分可分为：①钙质夕卡岩，是交代

夕卡岩

石灰岩形成的。主要矿物有石榴子石（钙铝榴石－钙铁榴石系列）和辉石（透辉石－钙铁辉石系列）。②镁质夕卡岩，是交代白云岩或白云岩化灰岩形成的。标型矿物有透辉石、镁橄榄石、尖晶石、金云母、硅镁石等。③硅酸盐夕卡岩，是硅酸盐岩石受交代作用形成的。其成分与钙质夕卡岩相似，最典型的矿物是方柱石。夕卡岩一般是侵入体附近的碳酸盐岩或硅酸盐岩经接触交代变质作用形成的。通常按主要矿物直接命名，如石榴子石夕卡岩、透辉石夕卡岩等。与钙质夕卡岩有关的矿产有铁、钴、铜、铂、钨、钼、铅、锌、金、锡、钪、铌、稀土和铀等，与镁质夕卡岩有关的矿产有硼、铁－锌和金云母等。

［五、矿物］

岩石可以由一种或多种矿物组成，矿物是天然产出的，具有一定的化学成分和有序的原子排列，通常由无机作用所形成的均匀固体。

形态　矿物千姿百态，就其单体而言，大小悬殊，有的用肉眼或一般的放大镜可见（显晶），有的需借助显微镜或电子显微镜辨认（隐晶）；有的晶形完好，呈规则的几何多面体形态，有的呈不规则的颗粒存在于岩石或土壤之中。矿物单体形态大体上可分为三向等长（如粒状）、二向延展（如板状、片状）和一向伸长（如柱状、针状、纤维状）三种类型。而晶形则服从一系列几何结晶学规律。

矿物单体间有时可以产生规则的连生，同种矿物晶体可以彼此平行连生，也可以按一定对称规律形成双晶，非同种晶体间的规则连生称浮生或交生。

矿物集合体可以是显晶或隐晶的。隐晶或胶态的集合体常具有各种特殊的形态，如结核状、豆状、鲕状、树枝状、晶腺状、土状等。

物理性质　人们根据物理性质来识别矿物，如颜色、光泽、硬度、解理、密度和磁性等都是矿物肉眼鉴定的重要标志。

颜色　矿物学中一般将颜色分为三类：自色是矿物固有的颜色；他色是指由

混入物引起的颜色；假色则是由于某种物理光学过程所致，如斑铜矿新鲜面为古铜红色，氧化后因表面的氧化薄膜引起光的干涉而呈现蓝紫色的锖色。矿物内部含有定向的细微包体，当转动矿物时可出现颜色变幻的变彩，透明矿物的解理或裂隙有时可引起光的干涉而出现彩虹般的晕色等。

条痕　矿物在白色无釉的瓷板上划擦时所留下的粉末痕迹。条痕色可消除假色，减弱他色，通常用于矿物鉴定。

光泽　矿物表面反射可见光的能力。根据平滑表面反光由强而弱分为金属光泽（状若镀克罗米金属表面的反光）、半金属光泽（状若一般金属表面的反光）、金刚光泽（状若钻石的反光）和玻璃光泽（状若玻璃板的反光）四级。金属和半金属光泽的矿物条痕一般为深色，金刚或玻璃光泽的矿物条痕为浅色或白色。此外，若矿物的反光面不平滑或呈集合体时，还可出现油脂光泽、树脂光泽、蜡状光泽、土状光泽及丝绢光泽和珍珠光泽等特殊光泽类型。

透明度　矿物透过可见光的程度。通常在厚为 0.03 毫米薄片的条件下，根据透明的程度将矿物分为透明矿物、半透明矿物和不透明矿物。许多在手标本上看来并不透明的矿物，实际上都属于透明矿物。一般具玻璃光泽的矿物均为透明矿物，具金属或半金属光泽的为不透明矿物，具金刚光泽的则为透明或半透明矿物。

断口、解理与裂理　矿物在外力作用下沿任意方向产生的各种断面称为断口。断口依其形状主要有贝壳状、锯齿状、参差状、平坦状等。在外力作用下矿物晶体沿着一定的结晶学平面破裂的固有特性称为解理。根据解理产生的难易和解理面完整的程度，将解理分为极完全解理、完全解理、中等解理、不完全解理和极不完全解理。裂理又称裂开，是矿物晶体在外力作用下沿一定的结晶学平面破裂的非固有性质，往往是因为含杂质夹层或双晶的影响等所致。

硬度　矿物抵抗外力作用（如刻划、压入、研磨）的机械强度。矿物学中最常用的是莫氏硬度（又称摩斯硬度），它是通过与具有标准硬度的矿物相互刻划比较而得出的。

10 种标准硬度的矿物组成了莫氏（摩斯）硬度计，从 1 度到 10 度分别为滑石、石膏、方解石、萤石、磷灰石、正长石、石英、黄玉、刚玉、金刚石。10 个等级只表示相对硬度的大小。为简便还可以用指甲（2.5）、小钢刀（5 ~ 5.5）、窗玻璃（5.5）作为辅助标准，粗略地定出矿物的莫氏硬度。另一种硬度为维氏硬度，是压入硬度，用显微硬度仪测出，以千克／毫米^{2}表示。

密度　矿物的质量和其体积的比值。单位为克／厘米^3。虽然不同矿物的密度差异很大，但大多数矿物具有中等密度（2.5 ~ 4 克／厘米^3）。

弹性、挠性、脆性与延展性　某些矿物受外力作用弯曲变形，外力消除，可恢复原状，显示弹性；而另一些矿物受外力作用弯曲变形，外力消除后不再恢复原状，显示挠性。大多数矿物为离子化合物，它们受外力作用容易破碎，显示脆性。少数具金属键的矿物，具延性（拉之成丝）、展性（捶之成片）。

磁性　根据矿物内部所含原子或离子的原子本征磁矩的大小及其相互取向关系的不同，它们在被外磁场磁化时表现的性质也不相同，从而可分为抗磁性、顺磁性、反铁磁性、铁磁性和亚铁磁性。

发光性　某些矿物受外来能量激发能发出可见光。加热、摩擦以及阴极射线、紫外线、X 射线的照射都是激发矿物发光的因素。激发停止，发光即停止的称为荧光；激发停止，发光仍可持续一段时间的称为磷光。

化学成分和晶体结构　化学组成和晶体结构是每种矿物的基本特征，是决定矿物形态和物理性质及成因的根本因素，也是矿物分类的依据。

化学成分　地壳中各种元素的平均含量（克拉克值）不同。氧、硅、铝、铁、钙、钠、钾、镁八种元素就占了地壳总重量的 97％，其中氧占地壳总重量的 49％，硅占总重量的 26％。故地壳中上述元素的氧化物和氧盐（特别是硅酸盐）矿物分布最广。它们构成了地壳中各种岩石的主要组成矿物。其余元素相对而言虽微不足道，但由于它们的地球化学性质不同，有些趋向聚集，有的趋向分散。某些元素如锑、铋、金、银、汞等克拉克值甚低，均在千万分之二以下，但仍聚集形成独立的矿物种，有时并可富集成矿床；而某些元素如铷、镓等的克拉克值虽远高于上述元素，但趋于分散，不易形成独立矿物种，一般仅以混入物形式分散于某

些矿物成分之中。

晶体结构　矿物都是晶体，都有一定的几何多面体外形，但决定晶体本质的是晶体内部的结构。晶体结构是组成晶体的原子、离子或分子在晶体内部以一定的键力相结合而构成的空间分布。这种分布具有一定规律的周期性和对称性。在非共价键的矿物晶体结构中，原子常呈最紧密堆积，配位数取决于阴阳离子半径的比值。当共价键为主时，配位数和配位形式取决于原子外层电子的构型，即共价键的方向性和饱和性。对于同一种元素而言，其原子或离子的配位数还受到矿物形成时的物理化学条件的影响。矿物晶体结构可以看成是配位多面体共角顶、共棱或共面联结而成。

成分和晶体结构的变化　一定的化学成分和一定的晶体结构构成一个矿物种。但化学成分可在一定范围内变化。矿物成分变化的原因，最主要的是晶格中质点的替代，即类质同象替代，它是矿物中普遍存在的现象。可相互取代、在晶体结构中占据等同位置的两种质点，彼此可以呈有序或无序的分布。

矿物的晶体结构不仅取决于化学成分，还受到外界条件的影响。同种成分的物质，在不同的物理化学条件下可以形成结构各异的不同矿物种。这一现象称为同质多象。如果化学成分相同或基本相同，结构单元层也相同或基本相同，只层的叠置层序有所差异时，则称它们为不同的多型。不同多型仍看作同一个矿物种。

晶体化学式　矿物的化学成分一般采用晶体化学式表达。它既表明矿物中各种化学组分的种类、数量，又反映原子结合的情况。如铁白云石 Ca（Mg，Fe，Mn）$[CO_3]_2$，圆括号内按含量多少依次列出相互成类质同象替代的元素，彼此以逗号分开；方括号内为络阴离子团。当有水分子存在时，常把它写在化学式的最后，并以圆点与其他组分隔开，如石膏 Ca$[SO_4] \cdot 2H_2O$。

成因产状　矿物是化学元素通过地质作用等过程发生运移、聚集而形成。具体的作用过程不同，所形成的矿物组合也不相同。矿物在形成后，还会因环境的变迁而遭受破坏或形成新的矿物。

形成矿物的地质作用　岩浆作用发生于温度和压力均较高的条件下。主要从岩浆熔融体中结晶析出橄榄石、辉石、角闪石、云母、长石、石英等主要造岩矿物，它们组成各类岩浆岩（又称火成岩）。同时还有铬铁矿、铂族元素矿物、金刚石、钒钛磁铁矿、铜镍硫化物以及含磷、锆、铌、钽的矿物形成。伟晶作用中矿物在 400 ~ 700℃、外压大于内压的封闭系统中生成。除长石、云母、石英外，还有富含挥发组分氟、硼的矿物如黄玉、电气石，含锂、铍、铷、铯、铌、钽、稀土等稀有元素的矿物如锂辉石、绿柱石和含放射性元素的矿物形成。热液作用中矿物从气液或热水溶液中形成。高温热液（300 ~ 400℃）以钨、锡的氧化物矿物和钼、铋的硫化物矿物为代表，中温热液（200 ~ 300℃）以铜、铅、锌的硫化物矿物为代表，低温热液（50 ~ 200℃）以砷、锑、汞的硫化物矿物为代表。此外，热液作用还有石英、方解石、重晶石等非金属矿物形成。

风化作用中早先形成的矿物可在阳光、大气和水的作用下化学风化成一些在地表条件下稳定的其他矿物，如高岭石、硬锰矿、孔雀石、蓝铜矿等。化学沉积中，由真溶液析出矿物如石膏、石盐、钾盐、硼砂等，由胶体溶液凝聚生成矿物如鲕状赤铁矿、肾状硬锰矿等。生物沉积可形成如硅藻土（蛋白石）等。

区域变质作用形成的矿物趋向于结构紧密、密度大和不含水。在接触变质作用中，当围岩为碳酸盐岩石时，可形成夕卡岩，它是由钙、镁、铁的硅酸盐矿物如透辉石、透闪石、石榴子石、符山石、硅灰石、硅镁石等组成。围岩为泥质岩石时可形成红柱石、堇青石等矿物。

共生、伴生、标型特征 空间上共存的矿物属于同一成因和同一成矿期形成的，则称它们是共生，否则称为伴生。同一种矿物在不同的条件下形成时，其成分、结构、形态或物性上可能显示不同的特征，称为标型特征，它是反映矿物生成和演化历史的重要标志。

分类 一般广泛采用以矿物本身的成分和结构为依据的晶体化学分类。按此分为下列几大类：自然元素矿物（如自然金、自然铜、金刚石、石墨等）、硫化物矿物及其类似化合物矿物（如辉铜矿、辰砂、黄铜矿、黄铁矿等）、卤化物矿物（如萤石、石盐、钾石盐等）、氧化物矿物及氢氧化物矿物（如刚玉、金红石、尖晶石、铬铁矿、铝土矿、褐铁矿等）、含氧盐矿物（包括硅酸盐、硼酸盐、碳酸盐、磷酸盐、砷酸盐、钒酸盐、硫酸盐、钨酸盐、钼酸盐、硝酸盐、铬酸盐矿物等）。

1. 金矿

金矿是具有工业开采价值的自然金或其他含金矿物聚集体。金在自然界主要以单质和碲化物的形式产出。常见的金矿物有自然金、黑铋金矿、金铜矿、碲金矿、白碲金银矿、亮碲金矿、方锑金矿等。金矿资源主要有岩金、砂金和伴生金三种。

自然金常含有银、铜、铁等金属元素，或与它们结合形成金银矿、金铜矿、铜金矿等。在许多矿物里，金以微量和痕量状态存在；在铜、银、铂族金属矿物中含金量较高；在含有铂族金属的砷、锑化合物，黄铁矿、毒砂、方铅矿、闪锌矿、黄铜矿、辉铜矿、斑铜矿、辉银矿等矿物中，常含少量金。金在这些矿物里，可呈肉眼易见的包裹金、裂隙金或肉眼不可见的晶格金而存在。

自然金是提炼金的最主要矿物。在金矿里，矿物组合一般都比较简单。最常见的是金－银系列矿物与石英、黄铁矿共生，石英和黄铁矿是金的主要载体矿物。在金－银系列矿物中，通常把含金量75％以上者，称自然金；50％～75％者，称银金矿；20％～50％者，称金银矿；小于20％者，称自然银。银的含量决定了自然金（或金条、金币）的成色。一般规定成色就是用千分数表示试样中纯金所占比例。成色的表达式：真金成色＝$Au/（Au＋Ag）×1000$。天然金的成色随着银含量的增多而降低，金的颜色也随之变浅。当银的含量大于65％时，颜色变成银白色。一般氧化带和砂矿里的自然金成色高于原生金矿石里的金。

自然金属于等轴晶系。晶体多呈八面体状，常见的集合体形态有树枝状、海绵状、粒状、层片状；在硫化物或其他矿物中，还呈水滴状包体；偶呈不规则的大块体，称块金或"狗头金块"。已知天然金块的重量可从不到1盎司（等于28.3495克）至2400盎司范围内变化。自然金呈金黄色，金属光泽。

块状自然金（3厘米，四川）

具有强延展性和韧性。1盎司金可锤成面积约300平方英尺（27.87平方米）的金箔。莫氏硬度2.5～3.0。纯金密度19.3克/厘米^3。无解理。化学性质稳定，只溶于王水、氰化钾溶液、热硫酸。

南非一直是世界最大黄金生产国，其次是美国、澳大利亚、俄罗斯、乌兹别克斯坦、加拿大等。世界著名金产地有南非威特沃特斯兰德、乌兹别克斯坦穆龙套、澳大利亚新南威尔士、美国加利福尼亚和阿拉斯加、加拿大安大略等。

2. 金刚石

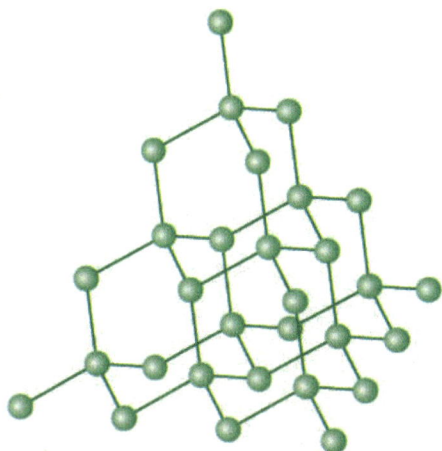

金刚石的晶体结构

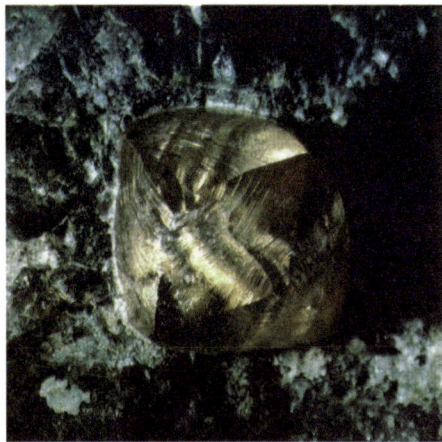

金刚石（1.5厘米，山东蒙阴）

金刚石是化学成分为碳、晶体属等轴晶系的一种自然元素矿物。金刚石的晶体结构中，每一个碳原子均被其他四个碳原子围绕，形成四面体配位，任何两相邻碳原子之间的距离均为0.154纳米，是典型的共价键晶体。最常见的晶形是八面体和菱形十二面体，其次是立方体和前两种单形的聚形，晶面常成凸曲面而使晶体趋近于球形；双晶常见，但一般以粒状产出。由放射状或微晶状集合体形成的粗糙圆球形的金刚石称为圆粒金刚石。属于六方晶系的六方金刚石，是除石墨外与金刚石成同质多象的另一种矿物。

金刚石无色、透明或微带蓝、黄、褐、灰、黑等色。灰或黑色的圆粒金刚石称为黑金刚石。标准金刚光泽。折射率高达2.40～2.48。具强色散性。在X射线照射下发蓝绿色荧光。八面体解理中等。质量最好的金刚石密度可达3.53克/厘米^3，而黑金刚石仅为 3.15 克 / 厘米 ^{3}。莫氏硬度 10，是已知物质中硬度最高的。具半导体性。金刚石加热到 1000℃时，可缓慢转变为石墨。

金刚石按所含杂质和某些物理性质特点分Ⅰ型和Ⅱ型两种。前者含氮的混入物，导热性较差，对波长小于 300 纳米的紫外线不透明，对可见光的吸收也较强，在紫外线照射下发淡紫色磷光。自然界产出者多属此型。Ⅱ型不含氮，导热性极强，对紫外线透明，对可见光的吸收较低，在紫外光照射下不发光。

金刚石自古就是最名贵的宝石，以透明、无瑕疵、无色或微蓝为上品。其加工成品称为钻石。除少量宝石级晶体外，金刚石主要用作精细研磨材料、高硬切割工具、钻头、拉丝模、散热片、高温半导体和红外光谱仪部件等。

世界最著名的金刚石产地为南非金伯利地区、刚果（金）、澳大利亚西部、俄罗斯雅库特、美国阿拉斯加和巴西米纳斯吉拉斯等地。

3. 黄铜矿

黄铜矿是化学成分为 $CuFeS_2$、晶体属四方晶系的硫化物矿物。含铜 34.56%，常含有少量的金、银、锌、铟、铊、硒等元素。是炼铜的最主要矿物原料。呈黄铜色，金属光泽。粉末呈绿黑色。莫氏硬度 3.5 ～ 4.0。密度 4.1 ～ 4.3 克 / 厘米 ^{3}。不完全解理。晶体具四方四面体习性，常呈致密块状或分散粒

黄铜矿（2.5 厘米，江西）

状于各种矿石中。黄铜矿是分布最广的铜矿物，也是仅次于黄铁矿分布最广的硫化物矿物之一。在岩浆矿床中，与磁黄铁矿、镍黄铁矿共生。主要形成于热液矿床，与方铅矿、闪锌矿紧密共生。在地表条件下，易风化成孔雀石和蓝铜矿。

世界著名产地有美国亚利桑那州的比斯比、德国曼斯弗尔德、西班牙里奥廷托、墨西哥卡纳内阿、加拿大萨德伯里、智利丘基卡玛塔等。

4. 闪锌矿

闪锌矿是化学成分为 ZnS、晶体属等轴晶系的硫化物矿物。闪锌矿含锌

闪锌矿（1厘米，贵州）

67.1%，通常含铁量可高达30%，含铁量大于10%的称为铁闪锌矿。此外，常含锰、镉、铟、铊、镓、锗等金属元素，因此不仅是提炼锌的重要矿物原料，还是提取上述稀有元素的原料。纯闪锌矿近于无色，含铁者随含铁量的增多颜色变深，呈浅黄、褐黄、棕色直至黑色，透明度相应地由透明、半透明变成不透明，光泽由金刚光泽变为半金属光泽。莫氏硬度3.5～4.0。密度3.9～4.2克/厘米^3。具完全的菱形十二面体解理。具热电性，有时具发光性。富铁闪锌矿晶体形态，几乎都是四面体状；而在低温条件下形成的浅色闪锌矿，晶体多呈菱形十二面体习性。通常呈粒状、致密块状或胶状集合体。闪锌矿是分布最广的锌矿物，也是典型的热液型矿物，几乎总是与方铅矿共生。在高温热液矿床中的闪锌矿，常富含铁、铜、铟、锡、硒；在低温热液矿床中的闪锌矿，则富含镓、锗、镉、镍、汞、铊。在地表条件下，闪锌矿易风化成菱锌矿。

世界著名产地有加拿大沙利文、美国密西西比河谷、澳大利亚昆士兰州芒特艾萨等。

5. 雄黄

雄黄是化学成分为AsS、晶体属单斜晶系的硫化物矿物。又称鸡冠石。呈短柱状的完好晶体比较少，常呈粒状、块状、皮壳状或土状集合体。长期暴露在日光和空气中会转变成为黄色粉末。橘红色，条痕淡橘红色。晶面为金刚光泽，断口呈油脂光泽。莫氏硬度1.5～2。密度3.56克/厘米^3。解理完全。性脆。常与雌黄共生。在锑、汞矿床中常与辉锑矿、雌黄、辰砂等一起出现。

柱状雄黄（2厘米，湖南）

雄黄含砷70%，主要用于提取砷和制备砷化物；

地球变迁史话

也是传统中药材，具杀菌、解毒功效。中国是雄黄的主要出产国，世界其他主要产地有罗马尼亚、德国、瑞士等。

6. 黄铁矿

黄铁矿是化学成分为 FeS_2、晶体属等轴晶系的硫化物矿物。含硫量达 53.45%，工业上又称硫铁矿，是提取硫黄、制造硫酸的主要矿物原料。常有钴、镍和砷、硒分别替代铁和硫；有时含有锑、铜、金、银等，它们多呈细微的包裹体分散在黄铁矿中。黄铁矿常见的晶形是立方体、五角十二面体、八面

体及其聚形。立方体晶面上常有平行晶棱方向的条纹。在沉积岩或煤层里，常形成黄铁矿结核或浸染状黄铁矿。黄铁矿呈浅铜黄色，表面常有锖色；褐黑或绿黑色条痕；金属光泽。莫氏硬度 6～6.5，性脆。密度 4.9～5.2 克/厘米^3。具顺磁性和弱导电性。还具有热电性和检波性。黄铁矿是自然界分布最广的硫化物矿物，主要矿床类型为黄铁矿型铜矿和黄铁矿多金属矿床，与铜、铅、锌、铁的硫化物和磁铁矿等氧化物共生。在地表条件下易风化成褐铁矿，并常见褐铁矿依黄铁矿晶形而成的假象。在干旱地区矿床氧化带中，黄铁矿易分解而形成黄钾铁矾、针铁矿等铁的硫酸盐或氢氧化物。

世界最著名的黄铁矿产地是西班牙的里奥廷托。中国黄铁矿探明储量居世界前列，主要分布在粤、皖、川、黔、甘、浙、湘、内蒙古等省区。

7. 萤石

萤石是化学成分为 CaF_2、晶体属等

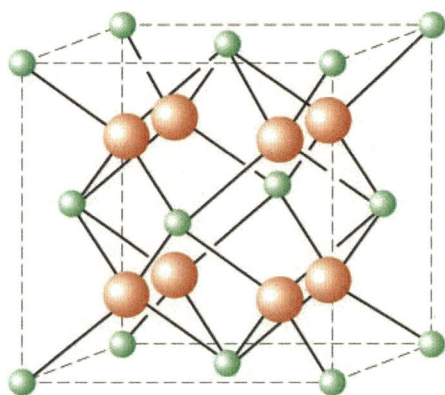

●**Ca**　●**F**

萤石的晶体结构

萤石晶体（2厘米，江西）

轴晶系的卤化物矿物。因能发荧光而得名。

含氟量达 48.9%，是氟工业的主要矿物原料，故又称为氟石。萤石中的钙常被铈、钇等稀土元素所替代，替代数量较多时，形成铈萤石、钇萤石等变种。晶体呈立方体、八面体、菱形十二面体及其聚形，集合体常呈粒状、块状、土状。一般常呈绿色或紫红色，较少为无色，另有白、黄、蓝、玫瑰红、黑色等。加热颜色变浅甚至消失；用 X 射线照射，可恢复原色。玻璃光泽。莫氏硬度 4。密度 3.18 克 / 厘米^3。解理完全。熔点 1360℃。在长波紫外光下发荧光。含稀土的萤石还会发磷光。具有热发光性。大多数萤石是热液作用的产物，与石英、方解石、重晶石及铜、铅、锌等金属硫化物共生；沉积作用形成的萤石，与石膏、硬石膏、方解石、白云石等矿物共生。

中国萤石资源丰富，主要分布在闽、浙沿海火山岩地区。世界著名产地有墨西哥圣路易斯波托西州拉奎瓦矿山、美国伊利诺伊州和肯塔基州、意大利瓦拉尔萨、英国德比郡和达勒姆郡、西班牙奥索尔等。

8. 石英

石英是化学组成为 SiO_2、晶体属三方晶系的氧化物矿物。通常所称石英，是指分布广泛的低温石英（α－石英）；广义的石英，还应包括高温石英（β－石英，温度在 573℃以上，六方晶系）。低温石英是常温常压下唯一稳定的 SiO_2 同质多象变体。晶体常呈带菱面体的六方柱状，有左、右形之别；六方柱面上有横纹。人造晶体上常出现底轴面，而晶面不平，由许多波纹状小丘组成。双晶极为普遍，已知的双晶律多达 20 余种。集合体常呈显晶质的粒状、块状、晶簇状，隐晶质的晶腺、钟乳状、结核状等。

纯净的石英呈无色透明，常因含微量色素离子、细分散包裹体或具有色心而呈各种颜色,并使透明度降低。玻璃光泽,断口常显油脂光泽。莫氏硬度 7。密度 2.65 克 / 厘米 ^{3}。无解理,断口呈贝壳状至次贝壳状。具强压电性、焦电性和旋光性。

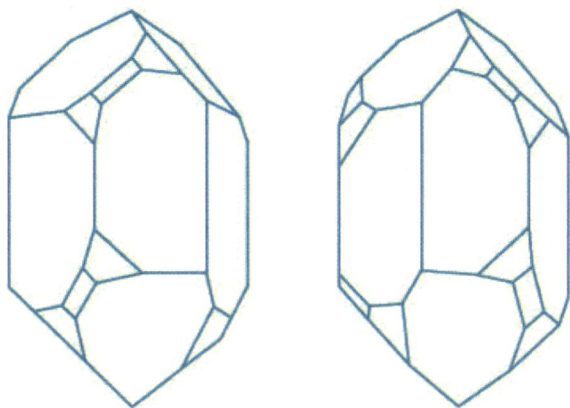

低温石英的左形（左图）和右形（右图）的理想晶形

石英有许多变种。显晶质变种主要有:水晶(无色透明);紫水晶（紫色）,俗称紫晶;烟水晶（烟黄、烟褐至近于黑色）,俗称茶晶、烟晶或墨晶;黄水晶（浅黄色）;蔷薇石英（玫瑰红色）,俗称芙蓉石;蓝石英（蓝色）;乳石英（乳白色）;砂金石,是含有赤铁矿或云母等细鳞片状包裹体而显斑点状闪光的石英晶体;鬃晶,是指含有针状、毛发状金红石、电气石或阳起石等包裹体的透明的石英晶体。隐晶质变种有两类:一类由纤维状微晶组成,包括石髓（玉髓）、玛瑙;另一类由粒状微晶组成,主要有燧石（灰至黑色,俗称火石）、碧玉（暗红色或绿黄、青绿等色,又称碧石）。

无缺陷的水晶是极重要的压电材料和光学材料。尺寸大于等于 12 毫米 ×12

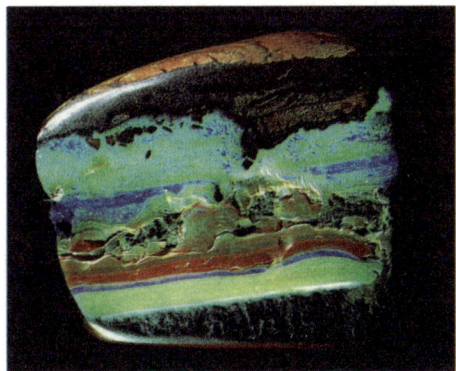

水晶晶簇（32 厘米, 广西）

块状碧玉（6 厘米, 西藏）

毫米×1.5毫米的水晶块，可用于制作石英谐振器和滤波器。光学水晶用于生产聚集紫外线的透镜、摄谱仪棱镜、补色器的石英楔等光学元件。黄水晶、紫水晶、蔷薇石英、烟水晶、砂金石、虎眼石、玛瑙、石髓及鬈晶等可用作宝石或工艺美术材料。色泽差的玛瑙和石髓，还用于制作研磨器具。较纯净的石英砂、石英岩，可大量用作玻璃原料、研磨材料、硅质耐火材料及瓷器配料等。不纯的石英砂是重要的建筑材料。

石英在自然界分布广泛，是火成岩、沉积岩和变质岩的主要造岩矿物之一；也是许多矿石的主要脉石矿物。巴西是世界最大的优质水晶生产国。中国石英资源丰富，遍布各省区。

9. 玛瑙

玛瑙是胶体成因的细致密状玉髓。常由不同颜色的条带或花纹相间分布而构成。其成分基本上是石英。单色玛瑙多呈青色，俗称胆青玛瑙；杂色玛瑙随颜色或花纹不同可分为缟玛瑙（白色条带与黑色、褐色或红色条带相互交替）、缠丝玛瑙、苔纹玛瑙（绿色细丝或其他形态分布似植物生长）等。呈晶腺产出，中心常为显晶质的石英或空腔，若空腔中含有明显的液态包裹体的，俗称玛瑙水胆。色泽好的玛瑙可作为宝石和工艺美术材料，差者可用于制作研磨器具和精密仪器轴承。美国西部各州、德国伊达尔－奥伯施泰因、巴西、乌拉圭等地盛产玛瑙。中国主要产地有辽宁、黑龙江、内蒙古、河北、湖北、山东、宁夏、新疆、西藏和江苏。

条带相间的玛瑙

晶腺状玛瑙

第四章 动力地球

[一、火山]

地下深处的高温岩浆及其有关的气体、碎屑从地壳中喷出而形成，并具有特殊形态和机构的地质体称为火山。火山活动常有地震或气体逸出作为先兆。现在还具有喷发能力的火山或在人类史上做周期性喷发的火山称活火山；现在没有喷发，且火山构造已遭严重破坏，将来也不可能喷发的火山称死火山；现在没有喷发，但在历史时期可能喷发过，现处于宁静期的火山称休眠火山。

构造 典型的火山具有火山锥、火山口、火山喉管、火山颈和火山穹丘。火山锥是火山喷出物在通道口堆积成的锥形山体，是中心式喷发的一种重要特征。火山口是火山锥顶部漏斗状洼地，也即火山喷口。火山喉管是岩浆喷出地面的通道，又称火山通道。火山颈是火山喷发停止后被岩浆冷凝物充塞的火山通道。火山穹丘是黏度较大的岩浆在通道口冷凝形成的穹丘状山丘。火山锥周围常有放射状、环状裂隙，其中充填着岩墙。极少数火山仅是一个浅平洼地而没有火山锥。

喷出物　有火山气体、熔岩和火山碎屑。不同的火山喷出物不同，即使是同一座火山，不同时期的喷出物也有变化。

火山气体在火山活动的各个阶段都可从火山口或火山锥周围的裂隙中逸出。火山气体主要成分是水蒸气（70%~90%）、二氧化碳、二氧化硫，以及微量的氮、氢、一氧化碳、氯等。喷出气体的温度可达 500~800℃，岩浆析出的水蒸气或地下水受热汽化成的水蒸气沿裂隙上升，遇冷在地表往往形成温泉或喷泉。

熔岩是释放了大部分挥发分而喷出地表的岩浆，以及由这种岩浆固结形成的岩石。这种岩浆流出比较平静，可形成广阔的熔岩被或熔岩高原。在水下喷出时可形成枕状熔岩。

火山碎屑是火山活动时在热而高压气体的侵蚀和爆破作用下所产生的碎屑物质。火山碎屑按大小分为大于鸡蛋的火山块，小于鸡蛋的火山砾，小于黄豆的火山砂和颗粒极细小的火山灰；按形状分为纺锤形、条带形或扭动形状的火山弹，扁平的熔岩饼，丝状的火山毛；按内部结构分为内部多孔、颜色较浅的浮石，泡沫，内部多孔、颜色黑褐的火山渣。被喷射到空中的火山碎屑，粗重的落在火山口附近，轻而小的或被风吹到几百千米以外沉降，或上升到平流层随大气环流形成火山灰流。火山喷发时灼热的火山灰流与水（火山区暴雨、附近的河流湖泊等）混合则形成密度较大的火山泥流。

喷发类型　火山喷发按岩浆的通道分为两大类：一类是裂隙式喷发，又称冰岛型火山喷发。喷发时岩浆沿地壳中的断裂带溢出地表，喷发温和宁静，喷出的岩浆为黏性小的基性玄武岩浆，碎屑和气体较少。另一类是中心式喷发。喷发时岩浆沿火山喉管喷出地面，通道在平面上呈点状，多形成火山锥。

根据喷出物的性质和喷发的强烈程度又分为：①夏威夷型喷发。没有强烈爆发，岩浆为基性熔岩，气体和火山灰很少。火山锥为盾形，顶部碗状火山口中有灼热熔岩湖和熔岩喷泉。②斯特龙博利型喷发。中等强度爆发，岩浆为中－基性，喷出物主要是火山弹、火山渣和岩石碎屑，气体较多，火山锥为碎屑锥或层状锥。③培雷型喷发。具有强烈喷发爆炸，岩浆为黏稠的中性、酸性，多气体。喷发时形成迅猛的火山灰流。火山锥为坡度较大的碎屑锥，顶部为穹丘，经风化火山颈突出地面。④武尔卡诺型喷发。属强烈喷发的一种，黏性带有棱角的大块熔岩伴随大量火山灰抛出地面，形成烟柱，熔岩流少或没有，火山锥为碎屑锥或层状锥。⑤普林尼型喷发。极端猛烈的爆炸喷发。是黏稠岩浆在火山通道内形成"塞子"造成的。喷发时产生高耸入云的发光火山云和火山灰流。火山锥顶被炸成破火山口。以上几种类型除夏威夷型外，大都属中心式喷发。

分布　史载全世界有活火山534座，在全新世喷发过的火山1500多个（有人认为也属活火山），还有在海底的数千个年轻火山。火山一般分布在两板块相互作用的地带，与板块运动相联系（见板块构造说）。活火山主要分布在环太平洋火山带、地中海－喜马拉雅－印度尼西亚火山带、大洋中脊火山带和红海－东非大陆裂谷带。

宇航探测发现月球、火星、金星、木卫一上均有火山活动。

［二、海底火山］

海底火山是形成于浅海和大洋底部的各种火山。包括死火山和活火山。地球上的火山活动主要集中在板块边界处，大多分布于大洋中脊和大洋边缘的岛弧处，板块内部也有一些火山活动。海底火山可分三大类，它们在地理分布、岩性和成因上都有显著的差异。

大洋边缘火山　沿大洋边缘的板块俯冲边界，展布着弧状的火山链。它是岛弧的主要组成单元，与深海沟、地震带及重力异常带相伴生。岛弧火山链中，有些是水下活火山。这类火山主要喷发安山岩类物质，安山岩的分布与岛弧紧密相关。由于安山质岩浆比玄武岩浆黏性大，且富含水分，巨大的蒸汽压力一旦突然释放，便形成爆发式火山，易酿成巨大灾难。因安山岩黏性大，熔岩可堆砌成陡峭的山峰，突出水面，但逸出的气体又常使它生成火山灰和浮石。安山质火山的剥蚀产物可组成杂砂岩相沉积。

洋脊火山　大洋中脊是玄武质新洋壳生长的地方，海底火山与火山岛顺中脊走向成串出现。据估计，全球约80％的火山岩分布于大洋中脊，中央裂谷内遍布从海水中迅速冷凝而成的枕状熔岩。中脊处的大洋玄武岩是标准的拉斑玄武岩。这种拉斑玄武岩是岩浆沿中脊裂隙上升喷发而生成的产物，它组成了洋底岩石的主体。

日本西之岛附近海底火山喷发

大西洋中脊新生火山熔岩流倾入海

洋盆火山　散布于深洋底的各种海山，包括平顶海山和孤立的大洋岛等，是属于大洋板块内部的火山。洋盆火山起初只是沿洋底裂隙溢出的熔岩流，以后逐渐上长加高，大部分海底火山在到达海面之前便不再活动，停止生长。其中高出洋底1000米以上者，称海山；不足1000米者，称海丘。少数火山从深水中升至海面附近，波浪等剥蚀作用会不断抵消它的生长。一旦火山锥渐次加宽并升出于波浪作用线之上，便能形成火山岛，几个邻近的火山岛可连接成较大的岛屿，如夏威夷岛。海面附近停止活动的火山，将被剥蚀作用削为平顶。各大洋，特别是太平洋中，发现许多平顶的水下死火山，称为平顶海山。尽管它们的顶部可能冠有珊瑚礁，但其主体皆是火山锥。洋盆火山的活动一般不超过几百万年。洋盆各海山或大洋岛屿的火山岩以碱性玄武岩较常见，极少数岛屿有硅质更高的熔岩，如冰岛及其附近有大量粗面岩和钠质流纹岩。碱性玄武岩组成的洋盆火山可能与热点或地幔柱的活动有关。

[三、岩浆]

岩浆是地球内部上地幔和地壳深处自然形成的炽热熔体。具有一定黏度，成分复杂，是形成多数火成岩和内生矿床的母体。

成分　岩浆的成分比较复杂，主要为硅酸盐和部分挥发物。此外，还有少量以碳酸盐、金属氧化物、金属硫化物为成分的岩浆，有人将这种岩浆称为矿浆。岩浆中挥发分的含量一般小于 6%，主要为 H_2O，含量可达挥发分总量的 60% ～ 90%，常以蒸汽状态存在；其次还有 CO_2、CO、SO_2、Cl、H_2S、N_2、F 等。

物理性质　岩浆的物理性状主要取决于形成的温度和黏度。①温度。岩浆的温度一般为 700 ～ 1300℃，不同成分的岩浆其温度也有差别。玄武质岩浆的温度为 1000 ～ 1300℃，安山质岩浆为 900 ～ 1000℃，流纹质岩浆为 700 ～ 900℃。同种成分的岩浆，含挥发分的多少不同，其温度也有明显差别。如流纹质岩浆，不含挥发分（主要为水）时其熔点可高达 1000℃左右，而含水达 9% 时，岩浆的温度即可降至 600 ～ 700℃。②黏度。岩浆的黏度与岩浆所含的氧化物、挥发分及岩浆的温度、压力有密切关系。岩浆中 SiO_2、Al_2O_3 和 Cr_2O_3 的存在，可使岩浆的黏度加大，尤以 SiO_2 的含量多少影响最显著。一般 SiO_2 和 Al_2O_3 的含量愈高，岩浆的黏度愈大。温度和压力对岩浆的黏度也有明显影响。温度升高，岩浆黏度降低；温度降低，黏度则升高。压力增加时，挥发分在岩浆中的溶解度增加，从而降低岩浆黏度。

分类　分为原生岩浆、母岩浆、派生岩浆。原生岩浆是由上地幔或地壳岩石经熔融或部分熔融形成的成分未经变化的岩浆。母岩浆能通过各种作用（如分异作用、同化作用、混合作用等）产生出派生岩浆的独立熔体。原生岩浆可以是母岩浆，而母岩浆不一定是原生岩浆。原生岩浆经过一系列演化作用形成各种新的岩浆，称为派生岩浆，派生岩浆可形成多种多样的火成岩。

[四、中国火山]

1. 大同火山群

中国火山群。已知有 30 余座,分布在山西省大同市、大同县和阳高县境内,集中于 4 个区域。①东区。指瓜园、神泉寺一带,有肖家窑头、鹅毛疙瘩等 6 座。盾状的肖家窑头火山由火山弹、火山砾、火山灰组成,局部覆盖熔岩流;穹隆状的鹅毛疙瘩火山由玄武岩组成,无火山口。②南区。在桑干河与六棱山之间,包括大峪口、西窑等 5 座,是因玄武岩流沿断裂喷出,依山而呈半圆形。③西区。大同火山群中最为集中和较复杂的一区,黑山、狼窝山、马蹄山、阁老山等 15 座属之。黑山规模最大,呈扁平穹隆状;狼窝山范围最广,火山口直径 500 米,西北有缺口;马蹄山和阁老山等由火山碎屑物组成,为平顶圆锥形,亦有缺口,状似马蹄。④北区。以大同市北的孤山为代表,包括其西南的 6 座小火山。孤山形似面包,海拔 1182 米,兀立于御河谷地中。

大同火山群国家地质公园

2. 基隆火山群

中国台湾地区重要火山群之一。位于台湾岛东北，基隆市以东，三貂角以北至海岸间，即著名的九分与金瓜石矿区一带。有基隆山、新山、牡丹坑山、塞连山、金瓜石山、草山、鸡母岭等，海拔多在700米以下，为以石英安山岩为主的火山体。其中的金瓜石山，位于火山群中心，海拔约660米，以富产金矿闻名。草山在金瓜石山东南，海拔729米，有南北两处钟状火山丘，其南侧另有宽约900米的小火山。基隆山位于西北海滨，宽1～2千米，呈椭圆形，以形似鸡笼得名，西与深澳港（番子澳）为邻。各山体大致形成于更新世。分新喷出和旧侵入两期，有南北性断裂。基隆火山群中的金瓜石山、草山、鸡母岭等的金银和金铜矿床分布较丰富，为上述构造运动的产物，唯基隆山与矿床无关。

3. 腾冲火山群

中国保存最完好、分布最广、多次喷发形成的新生代死火山群之一。位于云南省腾冲市周围。火山群呈近南北至东北—西南向延伸，火山个体及火山口亦多沿上述方向延伸成椭圆形。现存的70余座火山锥中，有40余座火山锥体及火山口均保存完整，火山

腾冲死火山群完整火山

浮石发育，火山弹也完整，其中又以来凤山群、马鞍山群、打鹰山群、黑空山群等为典型。火山锥体大部分由基性和中基性的玄武岩、凝灰岩、安山岩、英安岩和火山角砾岩等组成。大型火山口内有火山弹、火山渣、浮石等堆积。位于大盈江上源的小湖泊北海和青海，均系呈椭圆形、长轴走向为东北—西南的大火山口，后因积水而成湖。火山群北部台地上亦分布有火山口，其内部已积水成塘。火山群附近地区亦为地热富集区，冬季由高空俯视，热气腾空，白雾弥漫，有"热海"之誉。

4. 五大连池火山群

中国著名火山遗迹。位于黑龙江省五大连池市，讷谟尔河支流白河上游。五大连池火山区由14座火山和5座熔岩堰塞湖（五大连池）及大面积的熔岩台地构成，面积600多平方千米。火山群分布于五大连池东西两侧。西侧有南、北格拉球山及火烧山、老黑山、笔架山、卧虎山和药泉山，东侧有尾山、莫拉布山、小孤山，以及东西龙门山、东西焦得布山。14座火山均呈东北—西南及西北—东南方向排列，呈网格状。五大连池火山均属断裂地带的中心式喷发，为第四纪以来多次喷发而成。其中海拔最高者为南格拉球山（596.9米），平均锥体最高者为老黑山（165.9米），平均基底直径最大者为莫拉布山（1500米），火山口最深者为老黑山（145米）。老黑山与火烧山溢出的熔岩系基性岩，在流动和冷却中形成奇特的微地貌形态。老黑山和火烧山喷出的状如石龙的熔岩，迫使白河河谷向东推移，熔岩又将新河谷隔断，形成了呈串珠状排列的5座湖泊。这5座湖泊为中国仅次于镜泊湖的第二大堰塞湖，从上而下依次为头池（莲花湖）、二池（燕山湖）、三池（白龙湖）、四池（鹤鸣湖）和五池（如意湖）。5座湖泊面积共约18平方千米，其中三池最大，面积8.4平方千米；二池最深，可达9.2米；头池最小，面积仅0.18平方千米。已建立了五大连池国家级自然保护区和五大连池国家地质公园，后者于2004年被联合国教科文组织评为世界地质公园。

五大连池火山群远眺

5. 六合池火山群

中国江苏省西南部的火山群。位于长江沿岸南京市六合区境内，上新世喷发的著名玄武岩方山丘陵有平顶火山、桂子山、西横山、瓜埠山、灵岩山、方山、马头山、奶子山等，通称六合火山群。1983年桂子山和西横山发现玄武岩"石林"，气势雄伟，世所罕见。此外，方山是保存较好的火山锥，瓜埠山是一种横卧"石林"。对教学、科研、旅游等都有重要价值。

[五、世界火山]

1. 冒纳罗亚火山

世界上体积最大的活火山。位于美国夏威夷岛中南部，属夏威夷火山国家公园。海拔4170米，若从太平洋海底基座起算，则达8800多米，堪与珠穆朗玛峰比肩。喷出基性玄武岩质熔岩，堆积成平缓的穹隆状山体，底部宽，坡度小，体积大，为典型的盾形火山。自1832年以来平均每隔3～4年喷发一次，山体逐渐增大增高，

喷发中的冒纳罗亚火山

不断涌出的熔岩累计覆盖全岛一半以上面积。山顶的火山口当地人称"莫库阿韦奥韦奥"，意为"火烧岛"，方圆约 10.4 平方千米，深 152～183 米。除火山口喷发外，也有沿东北或西南裂隙的喷发。

2. 基拉韦厄火山

美国夏威夷岛活火山。位于岛东南部，西北距冒纳罗亚火山约 32 千米。属夏威夷火山国家公园。海拔 1247 米。其山顶部塌陷，形成长约 5000 米、宽 3000 米的浅洼地，即所谓破火山口，面积约 10 平方千米。现最活跃的喷火口在该浅洼地的西南角，直径约 1000 米，深 400 米，当地人称"赫尔莫莫"，即"永恒的火焰宫"之意。喷发活动频繁。自 20 世纪 20 年代以来，多次发生大规模熔岩喷发，1983～1984 年火山喷发达 17 次之多，熔岩流甚至往南直泻大海。即使在喷发间隔期仍冒着白烟，不时火星四溅。基拉韦厄火山是研究火山活动规律的理想之地，1912 年在其附近建起世界上第一座火山观察站。

基拉韦厄火山熔岩

3. 科托帕希火山

世界上最高、最活跃的火山之一。厄瓜多尔境内火山。位于中北部安第斯山脉北段东科迪勒拉山脉，在拉塔昆加东北 35 千米和基多东南 40 千米处。海拔5897 米。山口呈椭圆形，直径 800×550 米，深 250 米。山体呈圆锥形，坡度约30°，底部的宽度约 23 千米。形成于更新世中期，距今 100 万～20 万年。2400年前常年积雪线在 4000 米高度，后因气候变暖退至 4900 米。经常被云雾遮盖。500 年来，喷发频繁。炽热熔岩使冰层融化，形成泥石流，多次淹没奇略斯和拉塔昆加等附近的河谷。1533～1904 年间大喷发 14 次。1877 年火山曾喷发 4 次，6 月 26 日的喷发规模巨大，炽热的岩浆四溢，最大的一股穿过埃斯梅拉达斯，流入太平洋。另一股向南吞噬了半个拉塔昆加山村。这次喷发夺去几百人的生命，破坏了大量基础设施和农田。最近一次喷发在 2023 年。目前，火山仍常喷发出

科托帕希火山

熔岩，厄瓜多尔地球物理研究所的科学家常年在火山地区进行考察和观测。1872年11月28日，德国科学家和旅行家 W. 赖斯首次登顶成功。

4. 培雷火山

加勒比海马提尼克岛上的活火山。位于岛北部。海拔1397米。因顶部为光秃熔岩而得名（法语 Pelée 意为"秃头"）。东加勒比海诸岛中活动最频繁的火山之一。山体由火山灰和熔岩构成。有坡度较缓的火山锥和许多深谷，周围生长着茂密的森林，山麓土壤肥沃。1792年和1851年两次发生轻微喷发。1902年5月8日剧烈喷发，使其南6千米的圣皮埃尔全城被毁，约3万人丧生，只有关在坚固地牢里的一名囚犯幸存。喷发物覆盖了全岛1/6的土地。因此次喷发具有其独特性，学术界将此类火山灰、气及炽热的火山云的喷发命名为培雷式喷发。1902年8月30日再次喷发，又毁灭了两个村镇。

5. 帕里库廷火山

位于墨西哥米却肯州西部，海拔2775米。1943年2月20日该火山在几个村民的注视下从玉米地里生长起来。最初他们看到一条北西—南东方向的地裂隙逐渐扩展并有声响，随后响声增大并有轻烟冒出，散发出硫黄气味，逐渐地从裂隙中闪出火花，入夜时伴随着轰鸣声，喷出了炽热的火山弹。21日中午火山锥已有30～50米高，并流出渣状熔岩。第一年火山升高达450米。帕里库廷火山喷发持续到1952年。一共喷出1.3立方千米火山灰和0.7立方千米熔岩。这个新火山的形成和喷发烧毁、掩盖了帕里库廷村等两个村庄和数百座房屋，死亡约500人。

6. 奥里萨巴火山

墨西哥中南部火山。又称锡特拉尔特佩特火山。位于墨西哥高原南部横断火山带，韦拉克鲁斯州和普埃布拉州交界处，奥里萨巴城附近。海拔约5610米，为墨西哥最高峰。1848年探险者首次登上峰顶。山体呈圆锥形，峰顶有三个火山口。自1687年喷发以来一直处于休眠状态。海拔4420米以上常年积雪。植物分布垂直差异明显。低坡地带种植香蕉和咖啡。

晨光中的奥里萨巴火山

7.波波卡特佩特尔火山

墨西哥中南部火山。因印第安人称其为波波卡特佩特尔（意为烟山）而得名。位于墨西哥州与普埃布拉州交界处，墨西哥高原南部横断火山带。西北距墨西哥城 72 千米。海拔 5419 米，为墨西哥第二高峰。火山口直径 800 米，深 150 米。1519 年探险者首次登上顶峰。16 ～ 17 世纪经常喷发。

波波卡特佩特尔火山

8. 埃尔奇琼火山

墨西哥火山。位于临近危地马拉的恰帕斯州，海拔 2225 米。喷发前这座 1250 米高，被森林覆盖的层火山被认为是自更新世以来就未活动过的死火山，但于 1982 年 3 月 28 日子夜突然喷发，最猛烈的喷发发生在 4 月 4 日，并持续了几个小时。这次喷发加上前几天喷发进入高达 20 千米高层大气的火山灰云，使当地天空黑暗了 44 小时，之后向东北方向飘浮，并迅速扩展形成巨大的由火山灰和硫酸气溶胶组成的高空云层，从墨西哥一直延伸到沙特阿拉伯上空，云层厚达 3000 米，以后形成一条从赤道地区至北纬 30° 的浓密条带环绕地球。观测表明，这次喷发使达到地面的阳光总量减少 5% ~ 10%，导致全球平均气温下降了 0.2℃。由于这次喷发发生在比较完善的现代观测系统的条件下，科学家可以更好地对强火山喷发引起大气环境气候效应进行系统的研究。

研究证明埃尔奇琼火山 1982 年喷发对全球气候变化产生了不容忽视的影响。从 3 月 28 日到 4 月 4 日的喷发共造成 3500 多人死亡，数千人流离失所，被毁的咖啡园和可可树损失达 5500 万美元，50 万头牲畜因缺乏食物而濒临死亡威胁，90 口油井中断钻探工作，直接受这次火山灾害影响的人数达 15 万。

9. 鲁伊斯火山

哥伦比亚安第斯山脉最北部的活火山。火山为安山岩层组成，呈椭圆形，顶部被冰帽覆盖，火山表面积约 21 平方千米。1595 年和 1845 年顶部火口喷发，融化了冰雪，产生了泥石流，1845 年喷发

鲁伊斯火山

造成千人死亡。1985 年 11 月 13 日 15 时火山口喷出火山灰，持续近 14 分钟，21 时出现岩浆爆炸，喷发持续约 1 小时，火山碎屑和灼热的火山灰融化了火山顶部的冰帽，由此触发形成火山泥石流。22 时 35 分，泥石流达到距火山口几十千米的阿尔梅罗镇，造成全镇 3.5 万人中有 23008 人丧生。火山周围的桥梁、道路、电网和高架渠全被破坏，同时 60% 的家畜、30% 的庄稼以及 5000 万袋咖啡遭损失，破坏 50 所学校、2 家医院、5092 间房屋、58 个工厂和 343 家商店，金鸡纳国家咖啡研究中心被毁坏。这次喷发共造成 2.5 万余人死亡，7700 人流离失所，财产损失超过 10 亿美元，被认为是 20 世纪除培雷火山灾难之外的第二大"死亡喷发"。哥伦比亚政府应为此次灾难负责，因为他们忽视了科学家们事先发出的警告。

10. 康塞普西翁火山

尼加拉瓜最大湖泊尼加拉瓜湖湖岛上的火山。坐落在奥梅特佩岛上。火山锥海拔 1610 米。1956、1977 和 1983 年 3 次大爆发，至今仍经常引起该岛及尼加拉瓜湖西岸居民的恐惧。岛上土地肥沃，森林密布；盛产咖啡、棉花和烟草。有数

康塞普西翁火山

万居民。主要城镇是阿尔塔格拉西亚和莫约加尔帕。为尼加拉瓜湖主要的旅游点之一。

11. 莫莫通博火山

尼加拉瓜火山。位于该国西部马那瓜湖西北同名半岛上。山锥高 1280 米。1609 年曾剧烈喷发，山麓处西班牙殖民者早期修建的莱昂城被摧毁掩埋。1902 年和 1905 年亦有轻微喷发，至今仍在冒烟。其火山锥是尼加拉瓜最美、最陡峭的火山峰，被印第安人尊为诸神居住的灵山和英雄酋长尼加拉奥的化身。由于出海的渔民很远便可根据其烟柱判断方位，又被称作"太平洋的灯塔"。在老莱昂的废墟中先后发掘出西班牙征服者 F.H.de 科尔多瓦和佩德拉里亚斯的骸骨。2000 年被联合国教科文组织作为文化遗产列入《世界遗产名录》，火山和废墟也因此成为最著名的旅游景点。

莫莫通博火山

12. 塔胡穆尔科火山

危地马拉西南部死火山。属马德雷山脉。位于圣马科斯省中部，西距墨西哥边界 20 千米。海拔 4220 米，为中美洲最高峰。主要由安山岩、玄武岩构成。周围覆盖有硫黄堆积物。火山东南部是圣马科斯城，为登山的出发地。

塔胡穆尔科火山

13. 圣安娜火山

萨尔瓦多中部的活火山。位于内科迪勒拉山系的科斯特拉山脉，松索纳特市以北约 16 千米。海拔 2381 米，为全国最高的活火山。1520 年首次喷发，至 1920 年共喷发 12 次。最近一次喷发发生于 2015 年 10 月 1 日。火山高度仍在增加。有火口湖。1956 年法国探险队首次对该火山口进行考察。

14. 伊萨尔科火山

萨尔瓦多松索纳特省的活火山。位于内科迪勒拉山系的科斯特拉山脉。伊萨尔科城东北。距首府松索纳特约 16 千米，距太平洋岸 40 千米。海拔 1830 米。

伊萨尔科火山

1770 年首次喷发，此后至 1952 年至少喷发 50 次，山体不断升高。最近一次喷发是在 1980 年。火山喷发期间，沿岸过往船只也能见到火光，被称为"太平洋上的灯塔"。附近建有旅馆和观火台。周边是美丽的咖啡种植园。

15．圣米格尔火山

萨尔瓦多东部的火山。即查帕拉斯蒂克火山。位于内科迪勒拉山系的科斯特拉山脉，圣米格尔城附近，西北距圣萨尔瓦多 110 千米。海拔 2130 米。火山口深 150 米，周长约 3 千米，为中美洲最宽的火山口。有两层喷发口，经常有白色烟柱从火山口冒出。红、黑色熔岩流呈蛇纹状凝固在周围。

16．伊拉苏火山

伊拉苏火山

哥斯达黎加最高的间歇性活火山。位于中部伊拉苏火山国家公园内，西南距首都圣何塞 25 千米。海拔 3432 米，为许多河流的发源地。历史上曾发生多次喷发，1723 年的一次喷发摧毁了山麓城镇卡塔戈。1963 和 1966 年又发生两次猛烈喷发，几乎完全毁坏了周围的农田、房屋，首都圣何塞也被火山灰覆盖。最近一次喷发是在 1978 年，形成一个直径 1050 米、深 300 米的火山口，火山口中间有一小湖，湖水平静如镜，呈灰绿色，水温高达 80℃，含有大量硫化氢。它是哥斯达黎加重要的火山旅游景点之一。

17．埃特纳火山

欧洲海拔最高的活火山。位于意大利西西里岛东北部，南距卡塔尼亚 25 千米。海拔 3335 米，基座周长约 150 千米，面积 1600 平方千米，以世界上喷发次数最多的火山著称。史载首次喷发距今已有 2400 多年，估计喷发 200 多次。1669 年的喷发持续 4 个月之久，喷发熔岩约达 8.3 亿立方米，使卡塔尼亚等附近城市约 2 万人丧生。20 世纪以来已喷发十多次，特别是 1979 年起，连续 3 年都有喷发活动。1981 年 3 月 17 日的喷发是近几十年

埃特纳火山

来最猛烈的一次，从海拔 2500 米的东北部火山口喷出的熔岩夹杂岩块、砂石、火山灰等，掩埋了数十公顷树林和许多葡萄园，毁房数百间。山坡植被垂直分带明显。海拔 900 米以下，土壤肥沃，多已垦殖，广布葡萄园、橄榄林、柑橘园和樱桃、苹果、榛树等果园；海拔 900 ~ 1900 米的森林带，有栗树、山毛榉、栎树、松树、桦树等；海拔 1900 米以上，满布火山堆积物，仅有稀疏的灌木。山顶常积雪。900 米以下的山坡及山麓为人口稠密区，有许多村庄和城镇。建有盘山公路和缆车，供旅游者登山观赏火山胜地。山上有纪念罗马皇帝哈德良攀登埃特纳火山的遗迹。

18. 别济米扬内火山

俄罗斯堪察加半岛活火山。海拔高度 2882 米。1955 ~ 1956 年的喷发是有史以来最大的培雷式喷发之一。猛烈的喷发使火山锥崩塌，由 3103 米降到 2817 米，喷发灰云上升至 45 千米高空，500 平方千米范围内火山灰融化积雪形成泥石流，带着重达数百吨的巨石摧毁了山谷中的一切。三周后，仍能见到灰流表面数以万计的喷气孔，被称为堪察加半岛的"万烟谷"。因无人居住，此次喷发未有人员伤亡。1997 年 12 月发生爆炸喷发，火山灰云向东飘至 250 千米处。1999 年 2 月又发生持续时间极短的爆炸式喷发，火山气体和灰云柱升到 8 千米高空，对飞越这一地区的飞机产生极大威胁。2002 年和 2003 年仍有爆发。2004 年 1 月 14 日，

一次较大规模的爆炸喷发产生了7千米高的火山灰柱，岩穹继续生长。最近一次喷发在2023年。

19. 克柳切夫火山

俄罗斯远东地区堪察加半岛上的活火山，为亚欧大陆最高的活火山。海拔4750米，为堪察加半岛的最高点。由安山岩-玄武岩组成，属层状火山类型。中央为火口，山底部附近有84个侧火口及火山锥，山坡有喷气孔和硫气孔。山顶为积雪和冰川。山麓建有火山观测站。1700年以来先后发生过50多次强烈喷发，其中最近一次喷发为2020年。

克柳切夫火山喷发

20. 维苏威火山

位于意大利那不勒斯市东南的那波利湾畔的活火山。海拔1281米，每次喷发高度都有变化。起源于地质史上的更新世后期，迄今仅约20万年，为较年轻

维苏威火山口

庞贝城遗迹

的火山。公元 79 年的大喷发，附近的庞贝和斯塔比亚两城全部被火山灰和火山砾湮没。直到 18 世纪中叶，庞贝城才从火山灰砾中被发掘出来重见天日。

21. 华纳达尔斯火山

冰岛最高峰，海拔 2119 米。位于冰岛东南部瓦特纳冰原以南（北纬64° 01′，西经 16° 41′）。火山南麓山脚直抵冰岛南部海岸。为人类史上无喷发纪录的死火山。最高峰挺立于老火山口之上，附近有数座高度相近的山峰。1891年由 F. W. 豪威尔、P. 杨森和陶尔拉克森等三人首次登上山顶。现有海岸公路通过山脚。最佳登山季节是每年的 7 ～ 11 月。

22. 帕潘达扬火山

印度尼西亚火山。位于爪哇岛西部，海拔 2665 米。爪哇人一直把此火山看成是一个安静的巨人，因硫黄冷却而使火山口岩墙呈现特征性的黄色。1772 年在没有任何先兆的情况下，该火山发生空前的大喷发，山坡上的 40 个村庄、周围的城镇、成群的牛羊和庄园消失得无影无踪。喷发停止后，山顶出现一个冒气泡

的火山口湖，山顶比原来降低了 1200 米，还出现了一片长 24 千米、宽 10 千米的沉降区。因火山碎屑流造成的死亡人数达 2960 人。最近的一次是 2002 年。

23. 喀拉喀托火山

印度尼西亚活火山岛。于 1883 年 5 月至 1884 年 2 月发生一系列大爆发，以 1983 年 8 月 27 日爆发最猛烈。这次爆发释放出 100 亿吨当量，火山灰喷到 80 千米高空，遮蔽了日照。火山尘埃随高空气流运行，绕地球数圈，以后整整一年地平线上的朝夕日照呈现奇妙的红辉。火山灰下落地面广达 80 万平方千米，火山浮石漂浮海面阻塞船舶航行。爆炸声远达 3500 千米之外，引起强烈地震和高达 30 ～ 40 米的海啸，海水淹没附近爪哇、苏门答腊的城镇和村庄，死亡 3 万多人。喷出强烈气流引起的风暴摧毁了 1300 千米以外马来半岛吉兰丹与丁加奴两州的一部分森林。环抱的火口湖深达 274 米。1928 年火口湖中冒出一座新山峰，被命名为阿纳喀拉喀托，意即"小喀拉喀托"，至 1962 年升高到 132 米。20 世纪 50 ～ 70 年代仍有喷发活动，平时多冒蒸汽。20 世纪 70 年代起，供旅游、

喀拉喀托火山

体育及科研工作者登山观察。20世纪80年代划入乌戎库隆国家公园，为公园北区。1883年的大爆发使岛上的原有生物毁灭，以后开始复苏，已有种子植物、昆虫、鸟类和爬行类动物等。20世纪50年代初，大部分已有森林覆盖，以紫红乌檀占优势。2018年再次爆发，引发海啸，火山体积缩小了3/4，高度从338米降到110米。

24．阿贡火山

海拔3142米，为巴厘岛的最高峰，当地人奉为圣山。因火山口完整，被称为"世界肚脐眼"。火山位于岛的东北部，喷发周期一般约50年。1963年的猛烈爆发，为百余年来最强的一次，热浪高达1万米，火山灰在4000米高空弥漫全岛，人畜伤亡惨重，死亡约1600人，8.6万人无家可归。山的南坡海拔900米的普拉·毕沙基庙是全岛最神圣的主庙，历史悠久，规模宏大，倚山建成约有30所庙宇的大寺。寺内供奉印度教的主神梵天、毗湿奴和湿婆等。附近种植沙蜡树，果实硕大，肉厚味甜，为岛上祭祀用的珍贵供物。

阿贡火山俯瞰

25. 默拉皮火山

印度尼西亚爪哇岛上活动频繁的活火山。位于日惹以北32千米。火山口直径600米，海拔2910米。1006年爆发的火山喷出物曾淹没附近婆罗浮屠、门突、普兰巴南等古迹。1006～1954年，有史可查的爆发共12次，以1867、1930年最猛烈，1930年爆发致使7000多人丧生。此后至1980年的50年间爆发25次，总计死亡1500人。平均每10年有一次规模较大的喷发。火山接近马格朗、日惹和梭罗谷地，稻田和聚落从山麓往上分布到火山口附近，是世界上火山区农业密集型的典型。火山附近建有严密的监视设施，并兴建了多处拦阻火山喷出物的堤坝。

默拉皮火山景观

26. 坦博拉火山

印度尼西亚松巴哇岛北岸活火山。1812年开始喷发，1815年猛烈爆发，山体被削去大部分，喷出700亿吨物质，声音远达1600千米之外的苏门答腊岛，火山灰连续三天遮黑了480千米范围的天空，爪哇岛中午如同黑夜。造成狂风、地震、海啸和地陷，附近海面上升 1 ～ 4 米，坦博拉镇沉没于海下 6 米，坦博拉山体海拔高度由原 3962 米降低为 2851 米，形成的火山口直径 6000 多米，深 700 米。爆发使 5.6 万居民丧生，3.5 万户房屋被毁。此次爆发之所以猛烈，是因为喷发物中气体含量很高，达 99%（据估算达 30 ～ 100 立方千米），熔岩仅占 1%。1913 年坦博拉火山又有喷发。

27. 皮纳图博火山

菲律宾吕宋岛西部活火山。位于马尼拉西北约 98 千米。该火山在沉寂了 600 多年之后，于 1991 年又开始喷发。这次喷发是 20 世纪最大的一次。喷发前，火山海拔高约 1460 米。喷发前两个月出现地下爆裂、高频地震增多等现象，6 月 12 日火山开始了猛烈的爆炸喷发，火山

皮纳图博火山爆发

灰被抛射到 25 千米高度。爆炸性喷发摧毁了部分老火山穹，并在其东南侧形成一个直径达 200 ～ 300 米的新火山口。卫星照片显示出 6 月 15 日的爆炸强度达到高峰，一个 35 ～ 40 千米高的喷发柱持续了 11 个小时，大量火山灰降落到广大地区，甚至远在 2500 千米之外的越南、婆罗洲和新加坡等地也有火山灰落下。10 天后进入平流层的火山灰形成一个从印尼到中非长达 1.1 万千米近似连续的条带，三周后分布在北纬 20° 和南纬 20° 之间的这个半连续的条带已环绕地球一周。火山灰云中硫酸气溶胶比 1982 年埃尔奇琼火山喷发进入平流层的硫酸气溶胶多一倍，全球平均气温下降 0.5 ～ 1.0℃，还使 1992 年南极上空臭氧洞扩大。因这次喷发事件提前做出了预报，菲律宾政府及时做出人员转移布置，避免了大量人员伤亡。但由于喷发与台风伴生，火山斜坡上的大规模泥石流向外围运移达

40～50千米，仍有许多城镇被淹没，大量桥梁、房屋被毁。这次喷发的一个显著特点是火山碎屑流派生出许多二次爆炸火山口、喷气孔。到10月15日统计出死亡人数为722人，其中281人死于直接的喷发灾害，83人死于二次流动的泥石流，358人死于疾病。有近10万人逃离该区住在条件极差的临时帐篷里，也有一部分人因吸入火山灰和有毒气体死亡。这次喷发的火山灰降落，迫使火山以东16千米的美国在菲律宾租用的空军基地关闭。1992年8月末该火山再次喷发，死亡72人。

28. 马荣火山

菲律宾最大的活火山，游览胜地。位于吕宋岛东南端的比科尔半岛上，海拔2421米。呈圆锥形，顶端为熔岩覆盖，呈灰白色，有"世界最完美的山锥"之称。顶端由安山岩组成，上半部几乎没有树木，下半部有茂密的森林，有的地方从山上一直到山脚下都可以看到火山迸发流出的岩浆痕迹。火山几乎不与他山相连，更显突兀雄伟。白天，火山不断喷出白色烟雾，凝成云层，遮住山头；入夜，烟

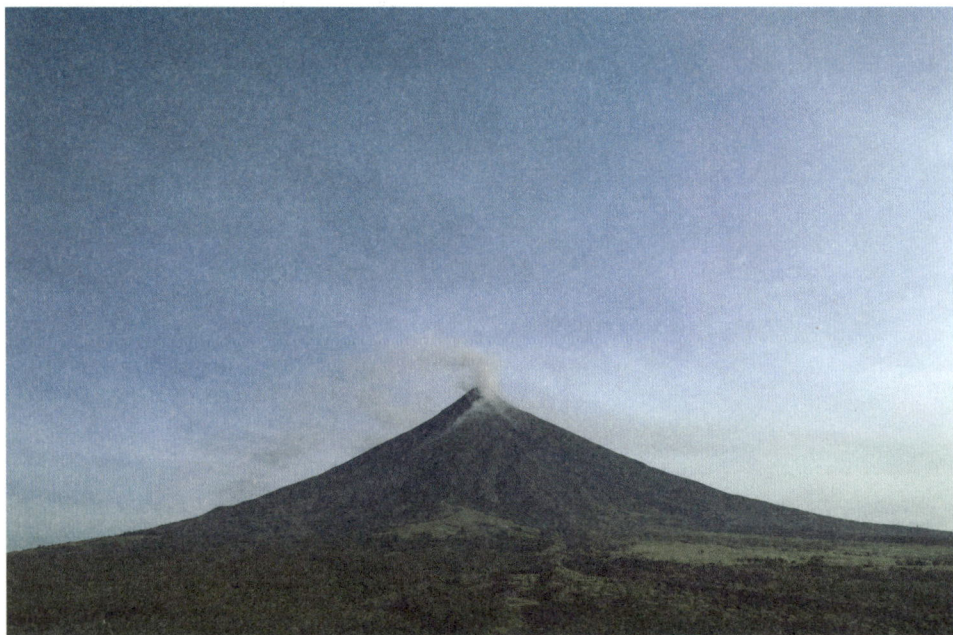

马荣火山

雾呈暗红色，整个火山像一个巨大三角形蜡烛座耸立在夜空中，奇丽、壮观。天气晴朗时，从山腰可眺望太平洋风光。

自 1616 ~ 1968 年，马荣火山共爆发 36 次，最大的一次是 1814 年 2 月 1 日，火山岩浆埋没了卡葛沙威镇，有 1200 人丧生，只剩下卡葛沙威教堂的塔尖露出地面。2023 年 6 月，马荣火山再次发生大规模爆发。2024 年 7 月，马荣火山发生一次蒸汽喷发，喷出的蒸汽柱高度大约 200 米。火山下土壤肥沃，风景优美。

29. 塔阿尔火山

菲律宾吕宋岛西南部塔阿尔湖中的火山，火山上还有一个火口湖。火山高 300 米，火山口经常变动位置。据统计，1794 ~ 1911 年间有多次在火山的中部喷发，形成长 1.5 千米、宽 0.3 千米的新火山口。火山喷出物形成的烟柱高达 300 多米。火山灰布及 80 千米以外的地方。在 60 平方千米以内，火山碎屑物堆积厚为 25 厘米左右。喷出的物质体积达 7000 万立方米。最近一次喷发是在 2024 年 10 月。

塔阿尔火山

卡尔塔拉火山

30. 卡尔塔拉火山

科摩罗群岛最高峰，活火山。位于印度洋西部大科摩罗岛南部。海拔 2361 米。属盾状火山。火山口周长 15 千米，最大直径 3.2 千米，深 500 米，是世界上最大的活火山口之一。最近一次喷发在 2006 年。山北侧一喷火口不时喷火星、冒蒸汽。整座山峰常年云雾缭绕，周围丛林茂密。

31. 福古火山

佛得角共和国活火山。位于佛得角群岛南列岛群（背风群岛）的福古岛上，顶峰海拔 2829 米，为佛得角群岛最高峰。16 ~ 17 世纪火山活动频繁，1857 ~ 1951 年间歇后又复活动，故以火山命名（当地语中福古即火山之意）。2014 年 11 月火山再度爆发，此次爆发的强度接近史上强度最高的 1951 年，火山口喷出的熔岩和火山灰引发了局部山体坍塌。

福古火山远眺

32. 卡里辛比火山

　　非洲中部维龙加火山群中最高峰。海拔 4507 米。位于刚果（金）和卢旺达两国边界上。顶峰在卢旺达北部，为全国最高点；其北坡伸入刚果（金）境内，属维龙加国家公园。为死火山。山顶覆盖冰雪。山麓森林茂密，多奇异的植物，也是大猩猩的栖息地。登山胜地，最佳登山时间是每年的 1 ～ 3 月和 7 ～ 10 月。

33. 尼拉贡戈火山

　　在刚果（金）靠近卢旺达边境的维龙加国家公园南端。海拔 3470 米，火山口最大直径 2 千米，深约 250 米，以熔岩喷发量大，气势雄伟壮观著称。1977 年的大爆发，熔岩流 1 小时下泻 60 千米，创下熔岩流动速度的世界纪录，半小时内便夺去 2000 人的性命。2002 年的大爆发，从 1 月 17 日凌晨延续到19 日晚。熔岩流撞入戈马市，直泻基伍湖，沿途摧毁 14 个村落，戈马市郊的许多建筑被夷为平地，穿城而过的熔岩流摧毁了中心商业区和一座著名的天主教堂，戈马机场也未能幸免，导致 30 万难民涌入邻国卢旺达。附近山区为热

尼拉贡戈火山

带高地气候，凉爽多雨；平均年降水量 2000 毫米，植被为稀疏林带，野生动物有蹄兔和黑猩猩。

34. 埃尔贡火山

东非乌干达与肯尼亚交界处的死火山。在维多利亚湖东北面。最高峰瓦加加伊峰海拔 4321 米。火山口直径约 3000 米，深达 600 米。覆盖有 3200 平方千米的火山熔岩，山顶有冰积层，环绕火山口的丘陵地带常被冰雪覆盖。山坡与山麓森林茂密，有咖啡、香蕉和茶叶种植园。海拔 2450 米以上山地为森林保护地。东坡辟有埃尔贡山国家公园。

35. 喀麦隆火山

非洲活火山，旅游胜地。位于喀麦隆西南几内亚湾沿岸，东距杜阿拉 60 千米。火山基底呈东北—西南向的椭圆形，长、短轴分别为 50 千米和 35 千米。主峰法科峰海拔 4070 米，为西非第一高峰。5 ~ 19 世纪曾多次喷发，有记录的在 9 次以上。1999 年的喷发从 3 月 28 日延续到 6 月 10 日，喷发口位于西南方海拔 1400 米处，除喷出大量气体和火山灰外，还形成多股巨大熔岩流，有的距林贝—伊代瑙公路 80 米，有的离几内亚湾岸边 200 米，有的直抵几内亚湾之中，最宽处 6 ~ 7 千米。伊代瑙镇和巴金吉利及巴托克两个村庄所受威胁最大；有

喀麦隆火山

1000 多人被迫疏散，部分房屋被毁。2000 年的喷发从 5 月 31 日延续到 6 月 9 日，同时伴随地震，火山熔岩流长达 4800 千米。喀麦隆火山地处低纬，属典型热带雨林气候，面向大西洋的迎风坡为世界最多雨的地区之一，年降水量 10000 毫米以上；山顶时有降雪。受地形影响，具有独特的热带山地景观，其垂直地带性完整：1000 米以下为典型热带雨林，往上依次为山地森林带、杜鹃矮林带、亚高山草地带和苔藓地衣带，顶端多为平顶火山锥；法科峰顶方圆仅几十平方米，几乎全被黑色火山灰覆盖。山麓人口稠密，开发程度高，多香蕉、橡胶、油棕、茶叶等种植园。山谷多牧场。向来是喀麦隆的旅游热点，主要登山旅游路线在东南坡，海拔 3000 米左右有宿营地小木屋。山麓的布埃亚是西南省首府、登山旅游的大本营，与最大港市杜阿拉之间有良好的公路交通。山南面沿海有维多利亚港。

36. 梅鲁火山

坦桑尼亚东北部火山。东北距非洲最高山乞力马扎罗山 70 千米。海拔 4566 米。火山口东侧遭严重破坏，崩积物和洪积锥向东北延伸约 15 千米。最后一次喷发在 1910 年。硫质喷气活动延续至今。山顶有火口湖和冰川遗迹。海拔 1800 ~ 2900 米山坡地带为热带雨林，溪流潺潺，瀑布跌宕。南坡和东坡水源充足，火山灰土壤肥沃，多香蕉、咖啡种植园。

37. 陶波火山

新西兰火山，位于北岛中部高原上。约26500年前的一次火山喷发被认为是一次超级喷发，其爆炸喷发物的体积超过500立方千米。现在的陶波火山口为宽达数万米的陶波湖，濒湖的陶波城是一座拥有数万人的旅游城市。26500年前喷发的地面现今已被当时和以后多次喷出的喷发物深埋在200米以下。公元181年陶波火山又发生过一次大规模的喷发，其爆发指数大于6，该火山现在仍被认为是活火山。湖底及其周围地下有丰富的地热水资源。

38. 鲁阿佩胡火山

新西兰最大的活火山。位于新西兰北岛中部。在汤加里罗国家公园的陶波高原上，是公园内各大火山锥中位于最南端的一个。火山锥形态完整，顶部直径1.5千米的火山口内积水形成火口湖。湖水冬季保持较高温度，有出口流入旺阿伊胡河。1945年的火山喷发持续了近一年。1975年的一次喷发气柱高达1400米。1995年9月末和1996年6月也曾喷发，气柱和灰尘升腾到几千米高。附近多温泉、

鲁阿佩胡火山风光

间歇泉，有著名的陶波湖。终年雪线以下为森林，以上有冰川自峰顶下流。风景优美，为冬季疗养、滑雪和旅游胜地。东北坡和东南坡上有一些规模较小的居民点。

39. 埃里伯斯火山

南极洲活火山。位于罗斯冰架西北角的罗斯岛上，南纬 77° 35′，东经 167° 10′。主火山口大体呈椭圆形，直径 500 ~ 600 米、深 150 米，蒸汽不断从火山口冒出。主火山口的北侧有直径 200 米的内侧火山口，火山口底部存在着熔岩湖。熔岩湖大小不一，直径从 20 米到 100 米不等，一日数次，反复从深处爆发喷出岩浆和火山弹，为世界珍奇的自然现象。1841 年英国探险家 J.C. 罗斯发现，并以其"埃里伯斯"号船命名。

[六、冰川]

冰川是极地或高山地区沿地面运动的巨大冰体。由大气固体降水经多年积累而成，是地表重要的淡水资源。以平衡线（又称雪线）为界把冰川分为两部分，上部为粒雪盆（又称冰川积累区），下部为冰舌区（又称冰川消融区），它们构成一个完整的冰川系统。

中国境内的冰川主要集中于喜马拉雅山、昆仑山、喀喇昆仑山、念青唐古拉山、横断山、祁连山、天山和阿尔泰山等山区。冰川是由多年积累起来的大气固体降水在重力作用下，经过一系列变质成冰过程而形成，主要经历粒雪化和冰川冰两个阶段。经过一个消融季节未融化的雪称粒雪，使晶体变圆的过程称粒雪化。晶粒间失去透气性和透水性，便成为冰川冰。粒雪转化成冰川冰的时间从数年至数千年。按照冰川的物理性质（如温度状况等）分为：①极地冰川，整个冰层全年温度均低于融点。②亚极地冰川，表面可以在夏季融化外，冰层大部分低于融点。③温冰川，除表层冬季冻结外，整个冰层处于压力融点。极地冰川和亚极地冰川又合称冷冰川，多分布于南极大陆和格陵兰岛。温冰川主要发育在欧洲的阿尔卑

美国阿拉斯加冰川

斯山、斯堪的纳维亚半岛、冰岛，阿拉斯加和新西兰等降水丰富的海洋性气候地区。

冰川通过侵蚀、搬运与堆积作用对地表进行塑造。作为地球水圈的一部分，冰川参与全球水分循环，对全球气候有影响。两极冰盖的存在使极地成为地球上两个主要的冷源，冰盖的扩展或退缩都影响着极地气团的强弱和大气环流的形势。冰川的存在又使高山区成为一个局部的湿冷源，在气流交换过程中形成云和局部降水。冰川是重要的淡水资源。冰雪融水不仅对山区河川径流起多年调节作用，而且更是戈壁荒漠绿洲农田灌溉的重要水源。

位于东南极洲的兰伯特冰川流经查尔斯王子山和莫森陡崖间并深深切入地壳和最大深度超过 2500 米的地堑谷地。由兰伯特冰川构成的面积达百万平方千米的冰盖盆地，称兰伯特冰川盆地。冰川的上游有多条源于东南极洲高原的支流对其进行补给，下游与东南极洲最大的埃默里冰架相连。中国从 1997 年开始对中山站至东南极洲冰盖最高点（A 冰穹）的冰川学断面考察，考察路线横穿了兰伯特冰川盆地的东侧。

1. 大陆冰盖

大陆冰盖是分布于两极地区不受地形约束、长期覆盖陆地的冰川。又称极地冰盖，简称冰盖。两极地区除少数山峰外，几乎全部地面为厚达数百米至数千米连续的盾形冰盖所覆盖。边缘有一些大冰舌伸向海中，有的长达几百千米。漂浮在海上的冰体称为冰架（陆缘冰）或冰棚。伸入海中的小冰舌称为溢出冰川。冰架和溢出冰川的前端，常由于消融而崩解，冰块脱离母体，落入海中，在海面上四处漂浮，就是冰山。地球上现存的大陆冰盖有南极冰盖和格陵兰冰盖。

南极大陆冰盖

2. 冰山

冰山是大块海上浮冰，北半球的冰山主要来自冰川，外形千姿百态，尖顶或圆顶者居多，南半球的冰山为南极冰盖排出的冰体，一般为平顶或板块状。冰山又称陆冰，以区别于海水冻结而成的海冰。露出水面的冰体仅为冰山的 1/8 左右。北极地区每年约排出 20000 座冰山，向南漂流。冰山漂流给海上运输和石油开采

造成威胁,如1912年"泰坦尼克"号在纽芬兰附近的北大西洋海域与冰山相撞沉没,约1500人丧生。冰山是一种淡水资源。

3. 冰架

冰架是冰盖或冰川漂浮在海面上的部分。在其自身巨大的重力作用下,冰盖或冰川产生塑性变形和底部滑动,由冰盖的中央向外缘,或从冰川上游向末端流动,冰流到达海边后继续向外伸展,最终漂浮在海面上,成为表面坡度很小且平坦的冰架。冰架与内陆着地冰之间的分界线,称为着地线。冰流源源不断地输送补给冰架,由于冰架底部被海水融化,末端断裂形成冰川,冰架不会无限地在海面伸展,保持着较稳定的形态,除非区域气候发生显著变化。绝大部分冰架分布在南极洲和格陵兰。格陵兰的沿岸也有不少冰架分布,尤其是北部,但规模远比南极冰架小。

冰架对上游冰川起支撑作用,如果冰架消失,会影响上游冰川或冰盖的稳定性。冰架底部的融化与冻结过程会影响大洋的环流和水团分布,尤其是冰架广为分布的南大洋。

冰架前缘

第五章　海　洋

［一、海洋］

地表连续的咸水水体的总称。中心主体部分称为洋，边缘附属部分称为海。洋与海彼此沟通，构成统一的水体。

洋　可分为四个大洋：①太平洋。北起亚洲和北美洲之间的白令海峡，南抵南极大陆，东起美洲的巴拿马运河，西迄亚洲中南半岛的克拉地峡，面积约占世界大洋的一半。②大西洋。位于欧洲和非洲以西、美洲以东，面积居第二。③印度洋。位于非洲、亚洲南部、大洋洲和南极洲之间，主体在赤道以南的热带和温带区域。④北冰洋。位于亚欧大陆和北美洲之间，大致以北极为中心，以北极圈为界，近似圆形，面积最小。

海　处于各大洋的边缘区域，附属于各大洋。可分为：①边缘海。处于大陆边缘，以岛屿、群岛或半岛与大洋分隔，仅以海峡或水道与大洋相连。如白令海、日本海、东海、南海等。②内陆海。位于大陆内部，仅以一个或几个狭窄海峡与

大洋或其他海相通。如地中海、黑海、亚速海、红海、波罗的海等。

海底地形　世界大洋的大尺度地形结构可分为以下单元：①大陆边缘。一般包括大陆架、大陆坡和大陆隆。②大洋盆地。位于大洋中脊与大陆隆或海沟之间。被海岭分割成若干海盆、海槽。海盆底部发育深海平原和深海丘陵等地形。③大洋中脊。又称中央海岭。伴有地震和火山活动的巨大海底山系。④海沟。主要分布在大陆边缘与大洋盆地交接处，比相邻海底深 2000 米以上。世界大洋共有 30 多条海沟。

莫克兰海沟

洋域划分　在洋域的划分上，存在不同的方案。1845 年曾提出五个大洋的方案，把世界大洋划分为太平洋、大西洋、印度洋、北冰洋和南大洋，将南极圈以内的海洋称为南大洋。1953 年国际水道测量局发表了一个取消南大洋的划分方案。联合国教科文组织在 1967 年颁布的国际海洋学资料交换手册中采用了 1953 年方案，把世界大洋划分为太平洋、印度洋、大西洋和北冰洋。20 世纪 60 年代以来，越来越多的海洋学者认为太平洋、大西洋和印度洋的南部相互连接的广大水域，应当单独划分为一个独立的大洋，即南大洋。政府间海洋学委员会 1970 年正式提议，把"南极大陆到南纬 40° 的纬圈海域或更明确地到亚热带辐合带海域"划为南大洋。

［二、太平洋］

地球上第一大洋。位于亚洲、大洋洲、北美洲、南美洲和南极洲之间。北以白令海峡与北冰洋为界，南抵南极洲并与大西洋和印度洋连成环绕南极大陆的水域，东南以南美洲南端合恩角（67° 16′ W）至南极半岛（61° 12′ W）间连线同大西洋分界，西南从马六甲海峡北端沿苏门答腊岛、爪哇岛、努沙登加拉群岛南岸到新几内亚岛南岸的布季，越过托雷斯海峡与澳大利亚约克角的连线，以及塔斯马尼亚岛东南角至南极大陆的经线（146° 51′ E）与印度洋分界。

太平洋中大部分岛屿分布在大洋中、西部海域。其中，新几内亚岛是太平洋中最大的岛屿。流入太平洋的河流主要分布在亚洲大陆东部，如黑龙江、黄河、长江、珠江、湄公河等。而大洋东部的南北美洲，因高山几乎逼近海岸，没有大江、大河注入太平洋。

洋底地形　太平洋是古老的大洋。现代的太平洋是中生代早期古泛大洋（古太平洋）收缩的产物。洋底地形可分为三大巨型构造地形单元。

大陆边缘带　包括大陆架、大陆坡、岛弧和深海沟以及边缘海盆地，面积约占太平洋总面积的 24%。大陆架面积约 938 万平方千米，占太平洋总面积的 5.2%，主要分布在太平洋西部和西南部、北部。西部大陆架最宽处为 750 千米；东部大陆架狭窄，最宽处 70 千米。太平洋的大陆坡平均坡度为 5° 20′，坡面上有海底峡谷、断崖、陡坎、阶地等。在西太平洋大陆坡与洋盆交界处有一系列著名岛弧和海沟，岛弧自北而南由阿留申群岛、千岛群岛、日本群岛、琉球群岛、马里亚纳群岛、

菲律宾群岛、所罗门群岛、新赫布里底群岛、汤加群岛和克马德克群岛等构成，长达 9520 千米。岛弧外侧伴生一系列海沟，其中深度在 1 万米以上的深海沟有千岛－堪察加海沟、日本海沟、菲律宾海沟、汤加海沟、克马德克海沟和马里亚纳海沟。在西太平洋岛弧内侧分布着一系列宽阔的边缘海盆地，形成西太平洋边缘海，主要有白令海、鄂霍次克海、日本海、黄海、东海、南海、爪哇海、苏拉威西海、珊瑚海等。太平洋西部的岛弧、海沟是地壳运动最强烈的地带，经常发生地震和火山活动。地球上大约 80% 以上的地震和 85% 的活火山都分布在这个带上。

大洋中脊和海底山脉　太平洋的洋中脊位置偏东，又称东太平洋海隆，长约 1.5 万千米，宽 2000～4000 千米，面积约占太平洋总面积的 11%。

太平洋底的中部分布着一系列呈西北—东南走向的海底山脉。这些海底山脉多具有比较平坦的顶峰，称海底平顶山。一些高耸的海底山突出海面成为岛屿，如夏威夷群岛、莱恩群岛等。

海盆　一系列海底山脉把太平洋盆地分割成四个次一级的深海盆地。东北太平洋海盆水深 4000～6000 米，最大深度 7168 米；西北太平洋海盆平均深度 5700 米，最大深度 6229 米；中太平洋海盆水深一般 5000～5500 米，最大水深 6370 米；西南太平洋海盆水深 4500～6000 米，最大水深 8581 米。

气候　太阳辐射和大气环流是决定太平洋上气候的主导因素。此外，亚洲大陆和洋流也是影响因素。太平洋大气环流由纬向分布的两个高压带和三个低压带控制。

赤道附近为低压带，太阳辐射强，终年气温高，年均海表气温在 26℃ 以上，空气经常处于不稳定状态，多对流性降水，年降水量在 2000 毫米以上，成为大洋的多雨带。在南北纬 5°～20° 是热带风暴（热带气旋、台风）经常形成和活动的地区。仅在西北太平洋和南海形成的台风每年约为 28.8 个。

南北纬 30°～35° 为强大而稳定的副热带高压带。在高压控制区气流以下沉为主，降水稀少，蒸发旺盛，形成太平洋面的干燥带和空中水汽的主要供应带，

还是大洋表层海水盐度最大的地带。从副热带高压带下沉并流向赤道低压带的气流称信风带。信风带风向稳定，风力较大，是低纬度大洋表层洋流形成和维持的重要动力。从副热带高压带下沉流向副极地低压带的气流称西风带。西风带冬季强烈，狂风出现频率达 25% ~ 35% ，成为中纬度大洋表层海水从西向东流动的动力。

北纬 60° 附近为副极地低压带，位于阿留申群岛一带，又称阿留申低压。冬季低深，夏季较弱。它吸引周围空气做逆时针方向旋转，进而吹动周围大洋表层水体形成逆时针方向环流系统。

洋流　南、北太平洋各形成一个以南、北副热带高压为中心的、规模巨大的反气旋型环流系统。北太平洋环流由北赤道流、黑潮、北太平洋暖流和加利福尼亚寒流组成。南太平洋环流由南赤道暖流、东澳大利亚暖流、西风漂流和秘鲁寒流组成。在两个环流系统之间是自西向东流的赤道逆流。在北太平洋的北纬 45° 以北，有以阿留申低压为中心，由阿拉斯加流、亲潮和北太平洋流构成的气旋型环流系统。在南太平洋的南纬 40° 以南海域，因无大陆阻挡，形成环绕南极大陆的南极绕极流（西风漂流），再南则是极地东风作用下形成的极地东风漂流。

在东太平洋中自赤道海域南流的厄尔尼诺暖流沿厄瓜多尔海岸南下，一直延伸到南纬 5° 甚至 12° ，与秘鲁寒流海水相混，引起寒流水温增高，抑制了冷水上泛，引起沿岸的冷水性生物（包括浮游生物和鱼类）因不适应而大量死亡，随之食鱼的鸟类也相继死亡，给渔业生产带来灾难。这一海水温度增暖现象称为厄尔尼诺，已经引起全世界的普遍关注。

水温和盐度　太平洋表层水温主要受大洋洋面上气温的影响。水温分布表现出沿纬度延伸和随纬度升高而逐渐降低的基本规律。最高温出现在赤道地区，特别是大洋西部，平均水温为 27 ~ 29℃。南北纬 10° ~ 20° 水温为 25 ~ 26℃；到南北纬 40° ~ 50° ，水温降为 5 ~ 10℃。南极大陆边缘水温为 0℃左右。水温等值线基本呈纬度地带性分布，在南半球大洋中更为明显。然而由于大洋东西两侧洋流性质的差异，以及季风和沿岸上升流等影响，使低纬度太平洋西部水温

高于东部 4 ~ 8℃，北半球中高纬度大洋西部水温低于东部 8 ~ 12℃。太平洋处于低纬度的面积比其他大洋大，因而水温也比较高，年均水温高于 25℃的面积占太平洋总面积的 35%，高于 20℃的面积占 53%。北太平洋表层水温高于南太平洋 1 ~ 2℃。

太平洋赤道地区是多雨带，年降水量 2000 ~ 3000 毫米，大于蒸发量，因而海水盐度不太高，一般为 34 ~ 34.5；副热带地区是干燥带，降水量少于蒸发量，盐度最高在 35.5 以上；温带降水量又多于蒸发量，盐度减小到 34 以下；寒带蒸发量减小并受融冰影响，暖季盐度一般在 30 左右。太平洋的平均盐度为 35。

海浪 受盛行风的影响，有明显的纬度区带性和季节性。冬季在北纬 40°附近的洋面上，大涌（≥6 级，波高 > 4 米）出现的最大频率可达 50% 以上。向赤道方向减弱，在北纬 15° 以南，大浪少见，大涌出现率为 5% 左右。南纬40° ~ 50° 的洋面上，常年为大浪区，大涌出现率为 30% ~ 40%，向北逐渐减弱，赤道附近在 5% 以下。

潮汐 太平洋中各处的潮汐类型不尽相同。在赤道与南纬 40° 之间的大部分地区，大洋中部的岛屿、巴拿马湾、阿拉斯加半岛、东海和澳大利亚东海岸为正规的半日潮，阿留申群岛东南、新几内亚（伊里安岛）东北岸、加罗林群岛等地为正规的日潮，其余地区为混合潮。太平洋中的潮差（岛屿附近除外）为 1 米左右，最大潮差发生在大陆岸边，如品仁纳湾为 13.2 米，仁川为 10 米，杭州湾为 8 米。

海洋资源 生物太平洋中的动植物种类繁多，有近 10 万种，主要生活在大洋表层，尤其是边缘带，存在于 2000 米以下水域中的动植物只占总数的 4% ~ 5%，在 5000 米以下水域中生活的动植物只有 800 种，6000 米以下水域中仅有 500 种，7000 米深处有 200 种，到 1 万米深处只剩下 20 多种。

太平洋的渔业生产自 20 世纪 60 年代中期以来一直居世界各大洋之首，主要渔场有西北太平洋渔场和东南太平洋渔场。西北太平洋渔场包括白令海一部分、鄂霍次克海、日本海、黄海、东海和台湾海峡。中国沿海舟山群岛一带以捕大黄鱼、小黄鱼、带鱼、鲳鱼、海鳗、乌贼为主。东南太平洋渔场包括秘鲁、智利、厄瓜

多尔渔场。另外，太平洋东北部、中东部、西南部海域每年也产一定数量的鱼。

太平洋的矿产资源勘探和开采主要集中在近海浅水区，其中最为重要的是大陆架的石油和天然气。大洋近海海底还有煤矿。其他矿物还有金、铂、金刚石、金红石、锆石、钛铁矿、锡、铁、锰等。在太平洋水深 4000 ～ 5000 米的海盆中发现大量锰结核和锰壳，其分布范围、储藏量和品位都居各大洋之首，主要集中在北纬 6° ～ 20°，西经 110° ～ 180° 范围内，估计储量有 17000 亿吨，是未来可资利用的最大金属矿资源。

交通　太平洋海域广阔、港湾众多，有许多条联系亚洲、大洋洲、北美洲、南美洲的重要海、空航线。太平洋在世界海运中的地位仅次于大西洋，约占世界海运量的 20% 以上。

［三、大西洋］

地球上第二大洋。位于北美洲、南美洲与欧洲、非洲之间。北以冰岛 - 法罗海槛和威维尔 - 汤姆森海岭与北冰洋为界。南临南极洲并与太平洋、印度洋南部水域相通，西南以通过南美洲最南端合恩角至南极半岛间连线同太平洋分界，东南以通过非洲南端厄加勒斯角与南极洲相连的经线同印度洋分界。西部通过巴拿马运河与太平洋相通。东部经直布罗陀海峡通地中海，再过苏伊士运河到印度洋。

大西洋的轮廓大体呈"S"形。南北长约 1.6 万千米；东西宽度最窄处（赤道海区）2400 多千米，最宽处近 6000 千米。面积（包括附属海和南大洋部分水域）为 9165.5 万平方千米，占世界大洋总面积的 25.4%。大西洋平均深度 3597 米，最大深度 9218 米，海水总容积达 3.29 亿立方千米，占世界大洋水体总体积的 24.7%。大西洋东、西两侧岸线大体平行，而北半部海岸曲折，并有众多岛屿、半岛穿插分割形成一系列内海、海湾和边缘海，其中重要的有地中海、黑海、波

莱茵河

罗的海、北海、比斯开湾、几内亚湾、加勒比海、墨西哥湾等；而南半部则海岸平直，岛屿、内海、海湾较少。大西洋中岛屿总面积约为107万平方千米。大体分为两类：一类是大陆岛，如大不列颠岛、爱尔兰岛、纽芬兰岛、大安的列斯群岛、小安的列斯群岛、加那利群岛和马尔维纳斯群岛（福克兰群岛）等；另一类是火山岛，在大西洋中呈串珠状分布，如亚速尔群岛等。大西洋两侧的地势都倾向于海洋，因而两侧大陆上许多大河如圣劳伦斯河、密西西比河、奥里诺科河、亚马孙河、巴拉那河、刚果河、尼日尔河、卢瓦尔河、莱茵河、易北河以及注入地中海的尼罗河等都流入大西洋或大西洋属海，流域面积达4742.3万平方千米，远远超过流入太平洋或印度洋的河流流域面积。

　　洋底地形　根据海底扩张和板块构造学说，大西洋由2亿年前的一个泛大陆解体、张裂、扩展而成，南大西洋进入第三纪后才大规模扩张成现在的形状。大西洋洋底地形一般分为四个基本构造单元。

大陆边缘带　包括大陆架、大陆坡和大陆隆起，其面积约占洋底面积的1/3。其中大陆架面积 921 万平方千米，占洋底面积的 1/10。大陆架的宽度从几十千米到上千千米不等，以大西洋东北部的波罗的海和北海，以及西北欧大不列颠岛周围和挪威海沿岸海域最宽广，最宽处达 1000 千米以上。大西洋大陆坡的平均坡度为 3° 5′。大陆坡与洋盆之间有些地方有大陆隆起分布。大陆坡上还分布有上百条海底峡谷，以北美东侧的大陆坡上最多。

过渡带　包括岛弧、边缘海盆、海底高地及深海沟，面积很小。大西洋中的岛弧带和深海沟有两条：一条是由大、小安的列斯群岛组成的双列岛弧带和其北侧的波多黎各海沟（长约 1550 千米，平均宽度 120 千米，最深处 9218 米），另一条是南美洲南端与南极半岛之间向东延伸的岛弧带（岛弧由南佐治亚岛、南桑威奇群岛和南奥克尼群岛组成）及岛弧东缘的南桑威奇海沟（长约 1450 千米，平均宽 70 千米，最大深度 8264 米）。

大洋中脊　又称大西洋海岭。北起冰岛，纵贯大西洋，南至布韦岛，然后转向东北与印度洋中脊相连。全长约 1.7 万千米，宽度 1500 ~ 2000 千米，约占大洋宽度的 1/3。面积达 2228 万平方千米，占大西洋底面积的 1/4。

海盆　大西洋底部比较平坦的海盆，由于中脊中隔分为东、西两列海盆。另外，在南极洲附近还有一个宽阔的大西洋－印度洋海盆。这些海盆平均深度4000 ~ 6300 米，面积约占大西洋底面积的 1/3。

气候　大西洋南北伸延、赤道横贯中部，气候南北对称和气候带齐全是明显特征。各海区间气候又有差别。大西洋赤道带是低气压带，又是南北信风的辐合带，风力微弱、风向不定，称无风带。同时上升气流强盛，多对流性云系降水，年降水量为 1500 ~ 2000 毫米。副热带是高压带，气流以下沉辐散为主，云雨稀少，天气晴朗，蒸发旺盛。一般降水量 500 ~ 1000 毫米，高压中心（大洋东部亚速尔群岛附近）海域年降水量只有 100 ~ 250 毫米。从副热带高压带下沉流向赤道低压带的气流称信风，北半球为东北信风，南半球为东南信风。位于副热带高压与副极地低压之间的中高纬度海区，盛行西风。西风还经常同来自极地的冷空气

相汇，形成锋面和气旋，产生多变天气和较多降水，尤其冬季常带来暴风雪。北纬 60° 以北的高纬海区（主要是东部）受暖流和气旋影响，年降水量可达 1000 毫米左右；而南纬 60° 以南海域，因空气干冷和没有暖流调剂，降水量很少，一般在 100 ~ 250 毫米间。

大西洋上的气温分布既沿纬度方向延伸，又从赤道地区向高纬递减。赤道地区气温最高，年均温 25 ~ 26℃，气温年变幅很小（一般不超过 3℃）。南北纬 20° 附近，最热月气温达 25℃ 左右，最冷月为 20℃ 左右。南北纬 40° 附近，北大西洋因受暖流影响，气温高于南大西洋。南北纬 60° 附近，北大西洋的暖流增温效应更为明显，最热月气温达 10℃，南大西洋则为 0℃，最冷月分别为 0℃ 和 -10℃。

洋流　在大气环流直接作用下，在南、北副热带海区各形成一个巨大的反气旋型环流系统。在两大环流系统之间的海区有一支赤道逆流，其流向与南、北信风相反，从西向东流。在北大西洋的中纬度海区和南大西洋的高纬度海区，又各形成一个完整的副极地气旋型环流。

大西洋赤道流是由南、北信风直接作用形成，并在赤道两侧自东向西流动。南赤道流自非洲沿岸以日平均 20 ~ 55 千米的速度向西流，流至南美巴西桑罗克角分为两支：北支为圭亚那暖流，南支为巴西暖流。南支沿南美东岸南流，流至拉普拉塔河附近与福克兰寒流相汇进入西风漂流。另一支流沿非洲西岸北流，形成本格拉寒流，向北直抵赤道附近，并与南赤道流相汇，构成一个南大西洋逆时针的洋流系统。北赤道流始于佛得角群岛，以日平均 35 ~ 40 千米的速度横渡大西洋，流至小安的列斯群岛附近分为两支：一支沿群岛北侧流向西北，称安的列斯暖流；另一支穿过群岛进入加勒比海，与圭亚那暖流相汇，称加勒比暖流。加勒比暖流从尤卡坦海峡进入墨西哥湾，然后从佛罗里达海峡流出，称佛罗里达暖流，流至北纬 35° 附近与安的列斯暖流汇合，称墨西哥湾暖流，沿北美东岸北流，至北纬 40° 附近又同北来的拉布拉多寒流相汇，并进入西风带东流，称北大西洋暖流。暖流呈扇形散开，流到大西洋东岸，主流转向西欧以至西北欧沿岸，并继

而向东北伸展至北冰洋。另一支洋流转而向南流，沿非洲西北海岸南下形成加那利寒流，流至佛得角群岛附近又分两支：一支与北赤道流相汇，构成北大西洋顺时针洋流系统；另一支继续南下并逐渐变暖，进入几内亚湾形成几内亚暖流。

墨西哥湾暖流是世界大洋中最强大的一支暖流。一般把自佛罗里达海峡至美国东南部的哈特勒斯角段称为佛罗里达暖流，哈特勒斯角至西经 45° 一段称墨西哥湾暖流，自西经 45° 以东称北大西洋暖流。以上三部分合起来统称湾流系统。

水温和盐度　大西洋表层海水温度的分布和变化同气温的分布、变化相联系。赤道地区水温最高，年均温为 25 ~ 27℃，并从赤道向高纬逐渐降低。

大西洋表层海水平均盐度为 35.9。在副热带海域因蒸发强盛、降水量少，盐度高达 37.3。赤道海区因年降水量多于年蒸发量，盐度降至 35.0 左右。大洋的表层洋流对盐度分布也有影响。

潮汐　大西洋的潮汐多属半日潮。西欧沿岸为正规的半日潮，美洲中部东侧的加勒比海沿岸大部分为不正规半日潮，有的地方为不正规日潮；墨西哥湾沿岸，除东部为不正规半日潮外，其余均为正规日潮或不正规日潮。开阔大洋中的潮差一般不到 1 米；但在近岸海区，特别是南美巴塔哥尼亚的格兰德湾平均潮差为 9.74 米；欧洲布列塔尼半岛的圣马洛湾为 10.58 米；英国南岸的布里斯托尔达 11.47 米；北美大陆和新斯科舍半岛之间的芬迪湾潮差最大，湾内的最大潮差可达 21 米。河口潮汐也比较显著。英国泰晤士河口的潮差约 6.3 米；南美亚马孙河口涨潮时潮水上溯而形成的涌潮，其壮观景象与中国钱塘江涌潮类似。

海洋资源　大西洋中的矿产资源主要有石油、天然气、煤、铁、重砂矿和锰结核等。大西洋两岸边缘的海盆构成两个油气带。西大西洋油气带主要包括：①委内瑞拉北部的马拉开波湖海底油田和委内瑞拉与特立尼达岛之间的帕里亚湾油田。②墨西哥湾海底油田。东大西洋油气带包括：①北海大陆架油田。②几内亚湾一带以尼日利亚为主的海洋油区。

大西洋深 4000 ~ 5000 米海底广泛分布着锰结核，总储量约 1 万亿吨，主要分布在北美海盆和阿根廷海盆底部。

大西洋生物资源丰富，最主要的是鱼类。大西洋的渔获量曾居世界大洋的首位，20 世纪 60 年代以后低于太平洋，退居第二位，但单位面积渔获量仍居世界首位。捕获量最多的是东北诸海域，即北海、挪威海、冰岛周围，年渔获量约占大西洋总渔获量的 45％。

交通运输　大西洋西通巴拿马运河连太平洋，东穿直布罗陀海峡经地中海、苏伊士运河通向印度洋，北连北冰洋，南接南极海域，是世界航运体系中的重要环节和枢纽。全年海轮均可通航，海运量占世界海运量的一半以上，并拥有世界海港总数的 3/4。

［四、印度洋］

地球上第三大洋。位于亚洲、非洲、大洋洲及南极洲之间，其西南部以非洲南端的厄加勒斯角的东经 20° 经线与大西洋为界，东面以中南半岛西岸、苏门答腊岛西岸、爪哇和努沙登加拉群岛南岸、澳大利亚大陆以及通过塔斯马尼亚岛南端的东经 146° 51′ 经线与太平洋为界，南至南极大陆的北缘。面积 7617.4 万平方千米，约占世界海洋总面积的 20.8％，平均深度 3711 米，最深处在爪哇海沟，深达 7450 米。

板块构造学说认为，印度洋是在中生代末至第三纪，因冈瓦纳古陆解体，印度、澳大利亚、南极大陆、非洲大陆、南美大陆逐渐漂移而形成的海洋。

印度洋水域北部封闭，南部开敞。主要附属海湾有红海、阿拉伯海、波斯湾、孟加拉湾、安达曼海、阿拉弗拉海、帝汶海和大澳大利亚湾等。岛屿稀少，主要分布在西部，多为大陆性岛屿。流入印度洋的河流也比较少，著名的有恒河、布拉马普特拉河、印度河、伊洛瓦底江、赞比西河等。

洋底地形　印度洋洋底展布着"入"字形的中央海岭（大洋中脊），由四条海岭组成，自北向南是卡尔斯伯格海岭（又称阿拉伯海－印度洋海岭）、中印度洋海岭、西印度洋海岭和南极－印度洋海岭。

印度洋海盆一般深度为 4500 ～ 5000 米。西澳和南澳海盆深度较大，平均约5500 米。中印度洋海盆的北部和阿拉伯海盆因恒河及印度河的泥沙填积，深度只有 3000 ～ 4000 米。

印度洋大陆架面积约 436 万平方千米，占印度洋面积的 5.68％。大陆架的平均宽度比大西洋狭窄，最宽处在孟买以北，达 352 千米。大陆架外缘的大陆坡坡度较小，平均为 2°55′，宽度一般只有 20 ～ 50 千米。大陆边缘地貌突出的特点是大陆隆或海台较多且分布广。露出海面的岛屿多属珊瑚岛或火山岛。另外，在印度洋东部有一大致沿东经 90° 走向的东印度洋海岭，长达 6000 多千米，是地球上最直的线状构造。海岭深 1800 ～ 3000 米，在南纬 27°20′ 海岭的最高峰顶距海面只有 870 米。

岛弧－海沟系、水下冲积锥在印度洋海底地貌中表现也很突出。在孟加拉湾有一巨大的恒河水下冲积锥，其面积达 200 万平方千米。在安达曼群岛、尼科巴群岛之西，向南经苏门答腊岛、爪哇岛、努沙登加拉群岛（小巽他群岛）之南，有一条与这些岛屿伴生的很长的海沟。

气候　印度洋大致位于北回归线至南极圈之间，其主体位于热带，为热带海洋性气候。印度洋南、北部气候差异显著，北部位于热带，三面环陆，形成独有的热带季风气候；南部洋面广阔，行星风系十分典型。依据大气环流的特性，印度洋可划分为四个纬向气候带。

季风带　位于南纬 10° 以北。北半球夏半年（5 ～ 10 月），大气环流主要受南亚气旋的控制，赤道以北盛行西南风，以南盛行东南风。7 月平均风力为8.0 ～ 10.7 米/秒，气温为 25 ～ 28℃。北半球冬半年（11 月～翌年 4 月）受亚欧大陆高压的影响，赤道以北盛行东北风，以南则为西北风。风力一般不超过5.5 ～ 7.9 米/秒。北部气温为 22℃；赤道及其以南的季风区，气温几乎保持不变。赤道区域多云，降水充沛，以孟加拉湾东部、阿拉伯海东部和苏门答腊岛附近为最多。这一带夏季多阴雨，冬季天气多晴朗。阿拉伯半岛沿岸终年干旱少雨。

信风带　位于南纬 10° ～ 30° 之间。终年盛行东南信风。由于常年处在海上较稳定的高气压带下，年降水量较少，仅为 500 ～ 1000 毫米。

　　副热带和温带（西风带）　位于南纬 30° ～ 45° 之间。主要受南纬 35° 附近南印度洋反气旋的影响，北部风力微弱多变，南部处于西风带边缘，盛行西风。年降水量 1000 毫米左右。这一地带的海洋面积辽阔，三大洋相通，南纬 40° 左右，海上风急浪高，有"咆哮四十度"之说。

　　副极地气候　位于南纬 45° 以南的亚南极和南极地区。夏半年（12 月～翌年 2 月）的平均气温在北部也只有 6 ～ 7℃，至南极海域则仍在 0℃ 左右。年降水量自北部至南部由 1000 毫米递减到 500 毫米。

　　洋流　印度洋的洋流，以北部的季风洋流最为特殊。这里冬季风主要为东北风，使得印度洋冬季洋流形成逆时针环流。在这期间的赤道逆流与北部环流合二为一，大大增加了向东流的强度，这时赤道逆流一直可以南移到南纬 7° ～ 8° 附近。夏季相反，强劲的西南季风驱使印度洋北部表层海水形成顺时针环流。

　　在印度洋的南半部，洋流的流向基本上是稳定的。南赤道洋流从东到西横过印度洋，直抵马达加斯加岛附近分成两支：一支由北绕过该岛，穿过莫桑比克海峡南流，称为莫桑比克暖流；另一支受阻后直接沿马达加斯加岛南流，称为马达加斯加暖流。两股暖流在马达加斯加岛西南汇合后，继续沿着非洲海岸南流，直至厄加勒斯角附近，这股洋流称为厄加勒斯暖流。这股暖流到南纬 40° 附近，被卷入南印度洋的西风漂流。

　　水温和盐度　印度洋上的表层水温差异不大，北部为 26 ～ 27℃，南部南纬 10° ～ 40° 为 17 ～ 25℃。阿拉伯海西部，夏季盛行西南季风，不断将表层海水吹走，底层冷水上升，水温可降至 22 ～ 23℃，水温最高处是红海和波斯湾，分别达到 32℃ 和 35.6℃。广阔的南印度洋，水温却较低。因此，印度洋的年平均水温只有 17℃。印度洋的盐度，表层大都在 34.0 以上。阿拉伯海可达 36.5，而红海、波斯湾由于降水少、蒸发强，盐度可达 40.0 以上。

　　海浪和潮汐　印度洋海浪可分为季风区、信风区和西风带三个区，并且极具

气候带风的特点。印度洋的开阔大洋中部潮汐不明显，潮差平均不到 0.4 米。沿岸区域，潮差以澳大利亚西北岸为最大，达尔文港为 8 米，金斯湾为 10～12 米；孟加拉湾北岸次之，最大为 7 米。

海洋资源　印度洋矿产资源特别是海底油气资源丰富。据统计，印度洋油气年产量约占世界海洋油气总产量的 40％。自 1951 年发现波斯湾海底石油以来，已开发了科威特、沙特阿拉伯和澳大利亚巴斯海峡等海底石油。印度洋海底广泛分布着锰结核，包含锰、铁、镍、钴、铜等多种金属矿物。

印度洋的生物资源不甚丰富，捕捞量不大。以印度半岛沿海渔获量居多，非洲南岸居第二。在印度洋南部亚寒带和寒带水域有丰富的浮游生物，夏季招来大批鲸。

交通运输　印度洋是联系亚洲、非洲、大洋洲的交通要道。往西经过红海、苏伊士运河、地中海进入大西洋，向东经过马六甲海峡或巽他、龙目海峡可进入太平洋，向西南绕过非洲南端可达大西洋。海运以石油运输为主。

马六甲海峡

［五、北冰洋］

地球上最小最浅和最冷的大洋。位于地球的最北端，大致以北极为中心、北极圈为范围，为亚洲、欧洲和北美洲北部沿岸所环抱。面积约为1475万平方千米，约占世界海洋面积的4.1%。平均水深1225米，最大水深5527米。

北冰洋冰上观测站

北冰洋海岸线十分曲折，形成了许多浅而宽的边缘海及海湾。在亚洲大陆沿岸的边缘海有巴伦支海、喀拉海、拉普捷夫海、东西伯利亚海以及楚科奇海。北美洲沿岸有波弗特海、格陵兰海。北冰洋岛屿众多，岛屿总面积约为380万平方千米，均属大陆岛，多分布在大陆架上。流入北冰洋的主要河流有鄂毕河、叶尼塞河、勒拿河及马更些河。

海底地形　北冰洋在亚欧大陆沿岸有宽广的大陆架；在北极海域、挪威海、格陵兰海的海底，有一系列海岭和海底隆起，它们同海盆、海谷（海槽）交错分布。洋底有沉积层。

大陆架　北冰洋海底大陆架面积约为440万平方千米，占整个北冰洋面积的1/3。其中靠近俄罗斯岸边的大陆架发育最为充分，宽度为1200～1300千米，是世界大洋中最大的大陆架区。大陆架露出水面部分，形成大陆岛，主要有北极群岛、新地岛、斯匹次卑尔根群岛、北地群岛、新西伯利亚群岛及法兰士约瑟夫地群岛等。

海岭　北冰洋底有三条海岭：①罗蒙诺索夫海岭。大致从新西伯利亚群岛穿过北极附近，延伸至格陵兰岛北岸，岭脊距海面1000～2000米。它可能是从亚欧大陆边缘分裂出来的无震海岭。②阿尔法海岭。又称门捷列夫海岭。从亚洲一侧的弗兰格尔岛起延伸至格陵兰岛一侧的埃尔斯米尔岛附近，与罗蒙诺索夫海岭

汇合。③北冰洋中脊。又称南森海岭。位于罗蒙诺索夫海岭另一侧，它起自勒拿河口到格陵兰岛北侧，与穿过冰岛而来的北大西洋海岭连接。长约 2000 千米，宽约 200 千米。中脊上有裂谷发育，有平行于轴向延伸的磁异常条带，还有垂直于轴向的横向断裂带。

海盆 上述三条海岭分别将北冰洋的北欧海域分隔成挪威海盆和格陵兰海盆，将北极海域分隔为南森海盆、阿蒙森海盆（又称弗拉姆海盆）、马卡罗夫海盆和加拿大海盆。各海盆底部较平坦，水深 3000 ~ 4000 米，大多是由于地震和地壳断裂下陷而成。

气候 北冰洋基本位于北极圈内，冬季极夜漫长，散失大量热能，夏季极昼虽长而太阳高度角小，且需消耗大量的热能用于融化积雪和海冰，再加遍地冰雪形成对太阳能强烈的反射辐射，致使全年气温非常低。11 月至翌年 4 月绝大部分地区的平均气温为 −20 ~ −40℃，只有挪威海及巴伦支海因受到北大西洋暖流及由冰岛低压附近东进的温带气旋的影响，气温达到 0℃ 左右。北冰洋海域没有真正的夏季，即使在最高温的月份，气温也只有 0 ~ 6℃。

北冰洋主要受极地高压控制，气流下沉，风暴天气不多；但在其边缘，由于气压梯度增大，常有明显的随季节而变的风向，且风速相当大。

北冰洋的年降水量一般只有 75 ~ 200 毫米，且主要是降雪。

水文 北冰洋表层广覆着海冰。按地理位置，可分为岸冰、当年浮冰及北极冰丛三类。岸冰及当年浮冰主要分布在亚欧大陆北岸各边缘海，夏季大部融化。北极冰丛位于岸冰带以外，与当年浮冰交错分布。北极冰丛由巨大的冰块组成，冰块中常被裂缝或冰穴所分隔。

浮冰漂流常受盛行风及洋流支配。在漂流的浮冰当中，常见高突的冰山掺杂其间。这些冰山是从格陵兰、加拿大北部各岛、俄罗斯北部的一些岛屿以及斯匹次卑尔根等岛屿上的冰川滑落入海而形成的。

北冰洋是北半球海洋中寒流的主要发源地。其中以东格陵兰寒流和拉布拉多寒流势力最强。东格陵兰寒流全年水温都低于 0℃，拉布拉多寒流是北大西洋冰

山和浮冰的主要来源。

海洋资源　因大部分地区为冰块覆盖，尤其大部分海域上层水温常年在0℃以下，阻碍了浮游生物的大量繁殖，以此为饵料的鱼类的种类和数量都远比其他大洋少。只有受北大西洋暖流影响的巴伦支海鱼类和海兽比较丰富。

巴伦支海、喀拉海、波弗特海和加拿大北部岛屿及海峡有石油和天然气。另外已在阿拉斯加北部海湾进行石油开采。

交通运输　北冰洋有联系欧、亚、北美三大洲的最短大弧航线，但地理位置偏僻，气候严寒，沿岸地区人烟稀少，航运困难。

［六、南大洋］

环绕南极大陆、北边无陆界的独特水域。由南太平洋、南大西洋和南印度洋各一部分，连同南极大陆周围的威德尔海、罗斯海、阿蒙森海、别林斯高晋海等组成。联合国教科文组织政府间海洋学委员会于1970年的会议上建议把南极大陆到南纬40°的纬圈海域，即副热带辐合带的海域定义为南大洋。副热带辐合带平均地理位置随季节不同而变化于南纬38°～42°，故南大洋的面积也不固定，约为7700万平方千米，占世界大洋总面积的21%左右。

地质地形　除威德尔海和罗斯海外，南极周围的陆架窄而深，常年承受厚达2000～2500米冰盖的重压，致使大陆边缘沉陷，陆架与陆坡间的坡折深达400～800米，较其他大洋坡折深度大。陆坡陡峭，坡度5%。洋底很深，由三条海岭分割成三大海盆。三大海盆中的南极－大西洋－印度洋海盆，最大深度6972米。仅有的一条深海沟称南桑威奇海沟，最深处8264米。

南大洋冰山

气候 洋区陆地少，气温水平差异小，等温线平直，气压场与风场接近行星风系。洋区大气运动的主要特征是强劲而稳定的纬向环流。南纬40°～60°气压梯度大，风向稳定，风力强劲，平均风速达每小时33～44千米，构成威胁航行的咆哮西风带。

海流 南大洋表层环流，除南极沿岸一小股流速很弱的东风漂流外，其主流是自西向东运动的、巨大的南极绕极流。南北跨距在南纬35°～65°，与西风带平均范围一致，自海面到海底的整个水层。

海冰 有两类：由海水冻结而成的海冰和由冰架前缘崩解入海而成的冰山。洋区南部海冰冰场广阔，大约有400万平方千米属永久封冻区，另有随季节生消的洋面冰盖约1700万平方千米。冬季期间，最大冰盖面占南纬40°以南海洋面积约30%。南极大陆周围，海冰平均厚度为2米，在东风影响下向西漂移，方向偏于风向左侧约30°，大量积聚在岬角、冰舌和南极半岛东侧。南大洋冰山主要来源于罗斯海和威德尔海的冰架，颜色较白，密度较小，体积巨大，顶部扁平。常见的冰山长8千米左右，但高度很少超过35米。曾经记录到的南大洋特大冰

山长约150千米、宽约40千米，露出水面高度约30米，吃水深度为露出水面高度的5～7倍。由于吃水深度大，冰山移动主要受海流影响。

生物资源　生物种类少，耐严寒，脊椎动物个体大、发育慢。生物资源丰富，特别是磷虾和鲸。磷虾是世界上尚未开发的藏量最为丰富的生物资源，其蕴藏量约10亿吨。以磷虾为主要食料的须鲸是另一种重要的资源。